U0267072

中国科普大奖图书典藏书系

自然的启示

王书荣◎著

长江出版传媒 | 湖北科学技术出版社

图书在版编目（ＣＩＰ）数据

自然的启示 / 王书荣著. — 武汉 ：湖北科学
技术出版社，2014.7（2019.6 重印）
（中国科普大奖图书典藏书系 / 叶永烈 刘嘉麒主编）
ISBN 978-7-5352-6268-4

Ⅰ. ①自… Ⅱ. ①王… Ⅲ. ①仿生－普及读物
Ⅳ. ①Q811-49

中国版本图书馆CIP数据核字（2013）第245270号

自然的启示
ZIRAN DE QISHI

责任编辑：刘 虹 高 然	封面设计：戴 旻 胡 博

出版发行：湖北科学技术出版社	电话：027-87679468
地　　址：武汉市雄楚大街 268 号	邮编：430070
（湖北出版文化城 B 座 13-14 层）	
网　　址：http://www.hbstp.com.cn	

印　　刷：武汉立信邦和彩色印刷有限公司	邮编：430026

700×1000　　　1/16	15.75 印张　2 插页　208 千字
2014 年 7 月第 1 版	2019 年 6 月第 10 次印刷
	定价：26.00 元

总 序
ZONGXU

　　我热烈祝贺"中国科普大奖图书典藏书系"的出版！"空谈误国，实干兴邦。"习近平同志在参观《复兴之路》展览时讲得多么深刻！本书系的出版，正是科普工作实干的具体体现。

　　科普工作是一项功在当代、利在千秋的重要事业。1953年，毛泽东同志视察中国科学院紫金山天文台时说："我们要多向群众介绍科学知识。"1988年，邓小平同志提出"科学技术是第一生产力"，而科学技术研究和科学技术普及是科学技术发展的双翼。1995年，江泽民同志提出在全国实施科教兴国的战略，而科普工作是科教兴国战略的一个重要组成部分。2003年，胡锦涛同志提出的科学发展观则既是科普工作的指导方针，又是科普工作的重要宣传内容；不是科学的发展，实质上就谈不上真正的可持续发展。

　　科普创作肩负着传播知识、激发兴趣、启迪智慧的重要责任。"科学求真，人文求善"，同时求美，优秀的科普作品不仅能带给人们真、善、美的阅读体验，还能引人深思，激发人们的求知欲、好奇心与创造力，从而提高个人乃至全民的科学文化素质。国民素质是第一国力。教育的宗旨，科普的目的，就是为了提高国民素质。只有全民的综合素质提高了，中国才有可能屹立于世界民族之林，才有可能实现习近平同志最近提出的中华民族的伟大复兴这个中国梦！

　　新中国成立以来，我国的科普事业经历了1949—1965年的创立与发展阶段；1966—1976年的中断与恢复阶段；1977—

1990 年的恢复与发展阶段；1990—1999 年的繁荣与进步阶段；2000 年至今的创新发展阶段。60 多年过去了，我国的科技水平已达到"可上九天揽月，可下五洋捉鳖"的地步，而伴随着我国社会主义事业日新月异的发展，我国的科普工作也早已是一派蒸蒸日上、欣欣向荣的景象，结出了累累硕果。同时，展望明天，科普工作如同科技工作，任务更加伟大、艰巨，前景更加辉煌、喜人。

"中国科普大奖图书典藏书系"正是在这 60 多年间，我国高水平原创科普作品的一次集中展示，书系中一部部不同时期、不同作者、不同题材、不同风格的优秀科普作品生动地反映出新中国成立以来中国科普创作走过的光辉历程。为了保证书系的高品位和高质量，编委会制定了严格的选编标准和原则：一、获得图书大奖的科普作品、科学文艺作品（包括科幻小说、科学小品、科学童话、科学诗歌、科学传记等）；二、曾经产生很大影响、入选中小学教材的科普作家的作品；三、弘扬科学精神、普及科学知识、传播科学方法，时代精神与人文精神俱佳的优秀科普作品；四、每个作家只选编一部代表作。

在长长的书名和作者名单中，我看到了许多耳熟能详的名字，备感亲切。作者中有许多我国科技界、文化界、教育界的老前辈，其中有些已经过世；也有许多一直为科普事业辛勤耕耘的我的同事或同行；更有许多近年来在科普作品创作中取得突出成绩的后起之秀。在此，向他们致以崇高的敬意！

科普事业需要传承，需要发展，更需要开拓、创新！当今世界的科学技术在飞速发展、日新月异，人们的生活习惯和工作节奏也随着科学技术的进步在迅速变化。新的形势要求科普创作跟上时代的脚步，不断更新、创新。这就需要有更多的有志之士加入到科普创作的队伍中来，只有新的科普创作者不断涌现，新的优秀科普作品层出不穷，我国的科普事业才能继往开来，不断焕发出新的生命力，不断为推动科技发展、为提高国民素质做出更好、更多、更新的贡献。

"中国科普大奖图书典藏书系"承载着新中国成立60多年来科普创作的历史——历史是辉煌的，今天是美好的！未来是更加辉煌、更加美好的。我深信，我国社会各界有志之士一定会共同努力，把我国的科普事业推向新的高度，为全面建成小康社会和实现中华民族的伟大复兴做出我们应有的贡献！"会当凌绝顶，一览众山小"！

中国科学院院士
华中科技大学教授　杨叔子 二〇一二
九·廿八

科学性是科学普及的生命

——在全国"新长征优秀科普作品奖"颁奖大会上的发言

王书荣

我作为一名专业科学工作者,在业余科普写作中感到科学研究要深入不易,科学普及要深入浅出也难。特别是当普及一门新兴学科时,更需要精心挑选鲜明而有教益的事例,使用生动通俗的语言,把似乎"枯燥"的科学内容以大众喜见乐闻的形式表达出来。只有这样,科学才不至于神秘化而真正做到大众化。我撰写《自然的启示》一书,则是在这方面的一次尝试。

仿生学是 20 世纪 60 年代初兴起的一门边缘科学,它研究生物系统的结构性质、能量转换和信息过程,并将所获得的知识用来改善现有的或创造崭新的机械、仪器、建筑结构和工艺过程。因此,仿生学研究需要生物学家、数学家和工程师们的通力合作。但是,直到 70 年代初,许多人还不了解这门新兴学科,故亟须开展科学普及工作。另一方面,每当一门新学科刚兴起时,往往有人认为找到了解决主要问题的万应灵药;而一旦看到事实上这不可能办到时,又转而对新学科持怀疑态度。普及这样一门学科的正确办法是,对前者泼点冷水,对后者则要加点温度。为预防产生仿生学万能论,我就在书中明确指出,人类不能盲目地模仿生物,跟随自然界亦步亦趋,否则不但不能推动技术前进,反而会阻碍它的发展,这在技术发展史上是不乏其例的。对仿生学无用论者来说,最好的灵药就是科学事实本身。书中之所以列举出许多具体的仿生学成果,就是为使人们看到,在从海洋开发到宇宙航行各个领域里,仿生学都大有可为,以引导读者得出正确结论:仿生学是发展现代高新技术的重要途径之一。

苏联著名科普作家伊林说过:"宣传科学和宣传任何东西一样,是征服读者的一种艺术。"我认为这种艺术的生命就是科学性,因为只有真理才能征服人心。因此,在动笔写作之前,不但要广泛占有材料,重要的是要对这些材料进行分析和鉴别,去粗存精,去伪存真。对那些观点不同的报道一定要取审慎态度。例如,有人说飞机防颤振的机翼加厚或配重是模仿蜻蜓翅痣的,也有人则认为这未免过于牵强附会。据了解,人类克服机翼颤振在先,而研究蜻蜓翅痣的动力功能在后,这只能说自然创造与人类设计"不谋而合"。1967 年,美国《无线电电子学》杂志以显赫标题报道,科学家在研究鱼类发声时发现了一种奇异的"水电波",它在水中像电磁波在空中传播一样,并预言水下通信革命即将到来。但据我分析,这个报道未必真实,于是就将其搁置一旁了。几十年过去了,这个"发现"仍无人问津,似乎自生自灭了。如果当时把这类材料也写入书中,可说无科学求实之心,似有耸人听闻之嫌。科普工作者和科学家一样,都应有科学的慎重态度。随手拈来便写,必然误人子弟。同一种材料也要尽量从不同来源搜集,这样既有助于加深理解,又可借以分析材料的真伪程度。为写"蛙的千里眼"这一篇,我曾参阅了 6 种英文和俄文书刊,详细了解了有关青蛙视觉系统的生理实验、电子模拟线路;关于电子蛙眼的实际应用,先是看到美刊报道"蛙眼装备空军",而后又在俄文杂志上看到蛙眼自动机用于美国戴顿机场,这才完成了该篇写作的材料准备。我看到一本书上说,伏打电池是模仿电鱼电器官设计的。为了核实这项仿生学成果,我找到了 1945 年出版的一期美国物理学杂志,上面有篇题为"第一个电池"的文章,并附有伏打写给别人的一封信。伏打在信中说,他设计的电池模仿了电鳐和电鳗的电器官,所以叫作"人造电器官"。这样,写起"电鱼和伏打电池"这一篇就胸有成竹了。当然,也不能把搜集到的有关材料不分主次全堆集在一篇文章中,而要留有余地,有时还可引而不发。写东西万勿搜肠刮肚,所知尽在文章中。

知道两点或三点，才能写一点。这样精炼出来的文章就会内容丰富，耐人寻味，激励读者去思考、探索。

科普作品不仅要教给人以具体的科学知识，还要引导读者去正确认识所普及学科的本质，给人以科学思想和思维方法。我写《自然的启示》一书的目的也是想告诉读者，仿生学并不是惟妙惟肖地模仿生物的艺术，它与技术中的"仿制"迥然不同。仿生学要求人们用非生物材料，按照技术需要模仿生物系统的功能或结构原理。为此，我在书中选择了电视机、飞机和电池的发明史，来说明仿生学如何"仿"的问题。1873年，硒的光电现象发现后便出现了各种各样的"电眼"设计，但这些电眼只能"感觉"接收的总光量，不能分辨物体图像。于是，人们就转而研究眼睛的结构和视觉过程，并据此设计出新型的"电眼"。在这种电眼中，用光电管阵列模仿视网膜，用透镜代替晶状体，用金属导线模仿视神经，用小灯泡阵列模仿大脑视皮层。这种系统已能把图像分割成许多小点进行传递了。1884年出现的尼普科夫盘机械扫描电视，和今天的电子扫描电视便是在这种"电眼"基础上发展起来的。由此看来，电视中把图像分成点（像素）传递的重要原理，是与视觉研究分不开的。实际上，人对视觉信息的接收、传递和加工要比电视系统复杂得多。可以说，任何有实用价值的仿生系统，都只是其中部分或主要原理来自生物，绝非整个系统都是生物的复制品。所谓"纯"仿生系统过去没有，现在没有，将来恐怕也不会有。引导读者对所普及学科有个正确的认识，有个科学的思维方法，在一定意义上比传授具体科学知识还重要。

科普作品是写科学的过去、现在和未来，其表现形式要求语言生动，引人入胜。生动的语言并不完全是为了吸引读者，给人以艺术享受，更重要的是它能把科学内容更确切地表达出来。一本书行文严谨、言简意赅、语言生动，读者就会爱不释手；如果晦涩难懂、纵横神侃，便使人厌而弃读。文章写好后，要字斟句酌，至少修改两三遍，力争读起来如行云流水。"偏光罗盘"篇开头写道："太阳，光芒万丈照四方。太阳光——电磁波以30万千米/秒的神奇速度穿过深邃的宇宙空间普照大地。"寥寥数语,就写出了太阳的光度和距离,光的本质和速度。"苍蝇和航天"篇则说,苍蝇是声名狼藉的"逐臭之夫",凡腥臊污秽之所,它们无不逐味而至。20多个字就把苍蝇嗅觉之灵敏形象地勾画出来了。重要的是在进行这样的描写时,要保持应有的科学准确性。插图也是一种"语言",即视觉语言。俗话说"百闻不如一见",在科普作品中,有时一图胜千言,特别是科学性与艺术性很好结合的插图。《自然的启示》一书有很多插图,它们能很好地帮助读者理解科学内容。

科普书籍的章节安排也很重要。《自然的启示》一书中每节都是由浅入深,从日常现象写到科学道理,并做出远景展望。开卷首篇是"生物钟",因为鸡叫三遍天亮、大雁南来北往是众人皆知的生物钟现象,这样就能引起读者的兴趣。如果首篇就使读者感到神秘莫测,如堕云雾,恐怕就读不下去了;末尾一篇则是"生物-电子系统",借以对仿生学的发展作些展望,而当最后谈到宇宙仿生学时,则有些近乎科学幻想了。这样结尾的目的是使读者向往未来,以激起他们对科学探索的热情。

《自然的启示》一书之所以写得较好,对普及仿生学知识起到良好作用,也是与上海科技出版社王义炯编辑的帮助分不开的,负责插图的编辑也付出了艰辛的劳动。因此,这次荣获"新长征优秀科普作品奖"一等奖也是大家共同的荣誉。我相信,在这次大会期间,我能向大家学习到很多好经验,使今后在搞好专业科学研究的同时,也能在科学普及工作中取得较好成绩。

1981 年 3 月

上海科学技术出版社《自然的启示》于1974—1984年曾多次重印再版。

第一章　生物的时钟和罗盘

生　物　钟

　　鸡叫三遍天亮,牵牛花破晓开放,青蛙冬眠春晓,大雁南来北往(图1)。这些与昼夜交替和四季变更有关的生物现象,是大家都知道的。但另有许多依赖于时间的生物学过程,却并不是每个人都了解的。例如,人的体温、血糖含量、基础代谢率等都发生昼夜性变化,人的痛觉、视觉和嗅觉,人对疾病、噪音和药物的敏感性以及人的出生和死亡都有周期性节律,海洋生物在春季望月由深海浮向水面,每当涨潮的时候,海边沙滩上的牡蛎都张开自己

图1　生物的时钟

的贝壳。

　　动物按时间进行活动的惊人例子，可以用一种鸟来说明。这种鸟叫作雀鲷鹬，生活在离海边 50 千米的地方。它们每天飞到海边来的时间，总比前一天推迟 50 分钟。这样，每当退潮后，它们总是海滩上的第一批食客——要知道，潮汐时间每天恰好向后推迟 50 分钟！在我国海滩上有一种小蟹，雄的有一只大螯，渔民们称之为"招潮蟹"，说明这种小蟹与潮汐有关。这种小蟹落潮时活动，涨潮时栖息，在昼夜的不同时间里，它身体的颜色暗淡不一。正像涨潮和落潮时间每天向后推迟 50 分钟一样，招潮蟹体色最暗的时间也每天向后推迟 50 分钟！

　　在海滨的浅滩上，生活着一种人们肉眼看不见的微小藻类——黄棕色硅藻（图 2），它的运动方式十分奇特：通过细胞壁上的孔排出一种黏液，像喷气式飞机似的用喷射式推进法，在砂粒空隙间上下移动。大潮退去，它移动到沙滩表面，沐浴在金灿灿的阳光里，其 X 形叶绿体进行着光合作用，涨潮了，汹涌的潮水奔腾而来，就在潮水淹没沙滩之前，这种黄棕色硅藻便悄悄地钻入了沙滩下层，避免了被潮水冲刷而去的厄运。由此可见，生物测

砂粒

涨潮前　　　　　　　　　　　涨潮后

图 2　海滨浅滩上的黄棕色硅藻

量时间的精确度是很高的。它是生物体内一种无形的"时钟"——生物钟。有人巧妙地利用了这种生物钟,将一些野生植物按其开花先后顺序,栽种在钟面模样的土地上,以不同植物的开花情况来确定昼夜的时间,这就是著名的"花钟"。研究表明,正是这些生物钟,使生物在时间上与外界的周期性过程(昼夜交替、四季变更、潮汐涨落等)相呼应,以保证生物对环境的适应。

但是,怎样区分是生物钟的作用,还是生物对自然界某些因素周期性变化的简单反应呢? 为了回答这个问题,我们可以把生物从自然环境中取出来,将它放在实验室里,把假定它敏感的那些因素维持在恒定的水平上。如果生物在恒定条件下依然故我,则说明生物体具有某种保持这种节律的体内机构。

例如,有人把黄棕色硅藻从大海之滨,迁移到没有昼夜交替和潮汐更迭的环境之中。结果,令人惊奇的是硅藻仍然和生活在海滩上一样,周期性地上升和下潜,其时间之准确简直可以代替潮汐时间表! 砂蚤是栖居于海滨的另一种生物,每当涨潮高峰时,它们从沙滩里钻出来,在波涛翻滚的大海中游泳觅食,落潮时就钻入沙滩,静候着下次高潮的到来。如果将它们养在海水罐中,并维持在恒定的条件下,人们发现在涨潮的高峰时间,它们依然在水中游泳,而其余时间则安静地在罐底休息。

又如,在自然条件下,许多植物都有"睡眠"和"觉醒"的周期交替现象。如豆、豌豆和三叶草的叶子夜间垂下,白天竖起。如果把这些植株置于黑暗之中,人们并没发现它们的行为有丝毫改变,叶子依然周期性地垂下和竖起,好像植物继续在受昼夜交替的影响。

生活在恒定条件下的生物,它们的活动也会发生变化。有一种哺乳动物叫鼯鼠,白天躲在树洞里休息,而于黄昏时分钻出洞穴,通宵达旦地沿树干奔来跑去,由这棵树跳到那棵树以觅食(图3)。鼯鼠的活动大约开始于日落后半小时,或精确些说,当光照度降低到一定程度,它便开始活动。这种循环每24小时周而复始。现在我们把几只鼯鼠放在旋转铁丝笼中,只要动物一开始活动，笼子就旋转起来，这样将便于我们观察，然后把它们置于完全黑暗中。根据观察，受试动物的活动周期逐渐发生变化，变成23小时至稍大于24小时之间。这种偏离24小时周期的节律，叫作近似昼夜节律。持最短周期（23小时）的动物，每天比前一天提前1小时开始奔跑。这样，大约经过3个星期，生活在恒定条件下的鼯鼠的活动，就比自由生活在森林中的鼯鼠推迟一昼夜。有趣的是，重获自由的鼯鼠很快又恢复正常的24小时循环。"外因通过内因而起作用"。在自然条件下，在外界因素（例如光照度）变化的影响下，近似昼夜节律与严格的24小时循环是同步的。对于鼯鼠，这种同步因素是黄昏，即从光亮到黑暗的过渡时期。

图3　鼯鼠

　　显然，如果改变同步因素的作用时间，便可调快或调慢生物钟。我们可以做一个实验。蟑螂的活动周期与黑暗的到来是一致的，但它最活跃的时间是傍晚。假使在实验条件下，人为地颠倒白天和黑夜的顺序，便可轻而易举地调拨蟑螂的生物钟。现在，我们把盛放蟑螂的笼子放入暗室，用"电子眼"来记录它的活动。夜间用电灯照亮暗室，每天早晨9点钟熄灯。这样，对暗室中的蟑螂来说，白天变黑夜，黑夜变白天（图4）。大约经过一个星期，昆虫便改变了原来的活动顺序——在人造黑夜时呈现活动，尽管实际上这时实验室外面仍是白天。这时，蟑螂的生物钟被调拨了。

　　目前，人们已从充塞雨滴的微生物到高等植物和人类这些形形色色的生物中，找到了这种无声无息的生物钟。现已发现，许多生物学现象，不用生物钟这个概念，就不能得到合理的解释。可以说，生物钟已成为有机体的一个特征。

图4 蟑螂的生物钟被调拨了

生物钟在生物体的什么地方？它的本质是什么？现在有许多人在研究这些问题。

我们知道，人的激素对生长、消化、生殖等过程有着十分重要的意义。激素分泌的量不足或过剩，都会引起我们身体的病变。例如，我们头部的一个内分泌腺——脑垂体活性亢进时，小孩就会发育成巨人，而其活性过低时，小孩就会长成侏儒。在其他动物的生命活动中，激素也起着非常大的作用。那么，生物钟是否可以通过某种激素的影响来解释呢？

我们把两只蟑螂的背上都打一个小洞，通过洞把它们的血液循环系统连通起来。用蜡把它们固定在一起，并把上面那只蟑螂的所有腿全部切除以限制其运动（图5）。手术前，上面那只蟑螂生活在正常情况下，并表现出典型的活动循环。下面那只蟑螂的正常活动

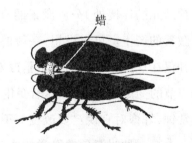

蜡

图5 具有同一血液循环系统的两只蟑螂

循环，在经过长时间连续光照后暂时终止了。当把它们移到连续光照条件下，下面那只蟑螂立即表现出明显的活动规律：它在相应于上面那只蟑螂原先活动的那个时间开始奔跑。因此，上面那只蟑螂血液中的某种激素，是下面那只蟑螂活动的启动者。

后来，在蟑螂的咽下神经节找到了它们的生物钟。这是一群神经分泌

细胞,位于神经节的侧面和腹面（图 6）。把这团神经组织移植到另一只蟑螂身上,钟便"继续行走",在体内有规律地生成控制蟑螂活动的激素。这样,就证明了这种神经细胞团起着计时机构的作用。

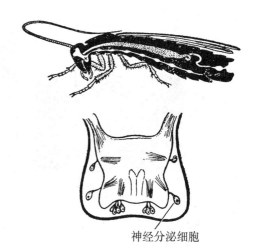

神经分泌细胞

图 6　蟑螂体内神经分泌细胞所在的咽下神经节（×记号处）下为咽下神经节的横切面

别的地方还有没有这种生物钟呢？如果用局部冰冻法使钟停走一段时间,正常的活动规律不被破坏,当钟重新发动起来时（即解除冰冻）,激素分泌继续按原先的时刻表进行。看来,在蟑螂的这个生物钟暂时停走的那段期间,在有机体某个未被冰冻的部分还有更重要的生物钟在行走,在计量时间。这种生物钟,有人称为母钟。这些母钟就是神经突触（神经纤维轴突末端与其他神经元的连接处）分泌激素的有规律的活动,它们控制着神经分泌细胞中激素的产生。可以设想,一般的生物钟（即子钟）调节蟑螂的日常活动,母钟仅在这些日常钟的指示稍微发生偏差的情况下才发挥作用。例如,随着季节的变更,光照度在逐渐变化,母钟的"指针"发生移动,它将首先拨动日常钟,好像对它说："要改变一下自己的步伐,白昼正在变长！"

有一种叫海兔的海洋软体动物,貌似花园里的蛞蝓。它全身有几个神经节,其中一个与吃食等活动有关,有人把动物放在海水箱里,使之经受 12 小时光照和 12 小时黑暗的"训练",几天过后,便把这个神经节摘除,其内部含有一个大的神经细胞。将微电极插入这个神经细胞,开始人们每分钟只记录到几个脉冲,但一到实验箱电灯打开的时间——"黎明",脉冲就陡然上升到每分钟 40 次,然后下降,重新开始慢速率。24 小时一过,该是翌日的"黎明"了,脉冲速率再次迅速上升。这说明即使单个神经细胞,也能

"学习"并"记住"时间节律。

各种生物的生物钟是不相同的，特别是植物和动物的生物钟各不相同。关于植物的生物钟，就让我们看一下一种重要的植物色素——光敏素。这种色素可以两种形式存在：一种吸收红光，称作红光吸收色素，或简称为P_{660}；另一种吸收红外光，称作红外光吸收色素，或简称为P_{785}。通过吸收光线，两者可以互变：

$$P_{660} \underset{\text{红外光或黑暗}}{\overset{\text{红光}}{\rightleftharpoons}} P_{785}$$

它们的互变可以形成振荡系统，由它控制植物的开花时间。

生物钟和人

人们在研究各种病例时，发现了许多有趣的事实：

有位足球队教练，他的膝盖有规律地每9天发生1次肿胀，甚至不得不按照这个情况来制订踢球计划。

一位被震颤麻痹症（帕金森氏病）困在床上的28岁妇女，既不能行走，也不能独立活动，因为她的手和腿全都强烈地震颤。但每天晚上9点钟左右，她的一切病症会暂时自行消失，行动自如，完全像个健康的人。

还有一个14岁的男孩，从12岁起患了周期性麻痹症，每星期发病3次，病发作时，他的手臂、腿部和颈部全都动弹不得。

在医学文献中，这种周期性疾病患者不乏其例。有人认为，这类疾病的复发可能与生物钟的工作状态有关。此外，还发现生物钟和衰老有关系。由于各人的生物钟的某些特性不同，有些人就比其他人衰老得快。

为了研究人的生物钟，有位科学工作者一个人在地洞中生活了205天。这个地洞深达40米，洞内没有自然的昼夜之分，也没有任何确定时间的仪器。但是，这位科学工作者的活动仍能基本上保持24小时的周期。这表明，人体的生物钟可能与昼夜交替无直接关系。

我们知道，无论在航天飞船里，还是在核潜艇中，人们都得在密闭舱里呆很长时间。在这里，没有人们习以为常的昼夜交替。在潜水艇里，"黑夜"与"白昼"将由电灯开关来控制；而飞船飞离地球后，四周是几十亿颗亮闪闪的星星，地球上的昼夜交替、大气压变化、温度起伏和其他因素都被远远抛在后面。如果飞船上的睡眠时间与航天飞行员习惯的地方时间不一致，他们就会睡眠不好，感到筋疲力尽。短期飞行中，人可以维持任何节律；长期飞行中，必须使航天飞船上的仪表和控制台的工作制度符合 24 小时的地球循环。为了维持这个节律，不仅要求严格遵守制度，而且要求感觉刺激流（通信等）有节奏地作用于航天飞行员。

生物钟的研究，使医务工作者开始注意到，同样的医疗措施得出不同的医疗效果，这往往与治疗的时间有一定关系；临床分析得出的结果，也常常与时间因素有关联。例如，心脏病人对药物洋地黄的敏感性，上午 4 时大于平时 40 倍。糖尿病人也在上午 4 时对胰岛素最敏感。人得传染病最可能死亡的时间与对细菌毒素最敏感的时间是一致的，在早晨 5 时半左右。由于医学和农业发展的需要，人们建立了生物钟毒理学和药理学，以研究毒素和药物对生物和人作用的时间规律。如果将生物钟方面的知识用于对病虫害的控制，则有助于节约药物、时间，减小环境污染，而又达到最大杀虫效果。人们发现，用除虫菊灭蝇，下午 3 时使用特别有效，而用以杀蟑螂，则于下午 5 时半最有效。栽培学、畜牧学、养蜂学、生理学、生物化学和生物物理学工作者们，也从生物钟的研究中得到启示，在研究某种因素（条件）对生物的影响时，需要十分严肃地对待对照和试验生物的"其余条件相同"这一前提。表面上相同的"其余条件"，实际上可能由于时间不同而变成完全不相同。

生物钟研究将有很大的实际意义。例如，我们将在后面看到，有些动物在长途迁徙中，用星象或太阳确定方位时，需要用生物钟来进行时间校正。如果我们弄清了生物钟的本质、时间感受器的特性和记忆时间的原理,毫无疑问,将对我们设计自动导航系统有所帮助。

天文罗盘

在我国富饶美丽的西沙群岛,生活着大量的鲣鸟,它们白天飞向大海捕食飞鱼,傍晚回岛栖息,可以引导渔船的出海和回港,被我国渔民称为"导航鸟"。鸟类有惊人的飞行和导航本领,这已为大量事实所证实。例如,有一种中等大小的鸟,身长35厘米左右,叫极燕鸥,它营巢北极而在南极越冬,每年来回飞行4万多千米,却能准确地找到自己的越冬地和营巢地。

为了解释鸟类的导航本领,人们提出了许多假说,但往往缺少充分的实验依据。近年来,科学工作者把解决鸟类导航之谜的希望转向了天空。事实证明,鸟类和其他动物能利用太阳或夜空的星星作为定向标(图7)。

人们知道,候鸟在迁徙时有一种迁徙兴奋现象。当迁徙时间到来时,鸟类开始表现出强烈的焦躁不安,好像被炽热的急不可耐的情绪笼罩着。此时,即使它们被囚禁在笼中,也会把头转向迁徙时的飞行方向,振翅欲飞。它们不时地在这一方向上完成短暂的飞行,而后返回。这时,它们非常之兴奋,以致用头或身体撞击阻碍其飞向越冬地的笼壁。

为了试验太阳对候鸟的作用,我们可在露天下建造一座中心对称的六角亭,每个亭壁都开设一个窗户。把玻璃底圆柱形铁丝笼置于亭内,将处于迁徙兴奋状态的椋鸟放入

图7　鸟类的星象定向

其中。受试鸟只能透过亭窗看到不大的一块天空。人躺在亭下专门的房间里,透过玻璃底观察鸟的行为。当阳光透过亭窗时,椋鸟几乎立刻将头转向通常的迁徙方向,振翅飞翔。如果用镜子将阳光折转90°,则椋鸟的飞行方向也随之调转90°(图8)。看来椋鸟是依太阳定向时,看到的不管是真实的太阳或镜中的太阳都行。假使乌云遮住了太阳,椋鸟即迷失方向,可能飞往任何一方,若强风吹散了乌云,太阳重又露脸,椋鸟则复取正确的方向。

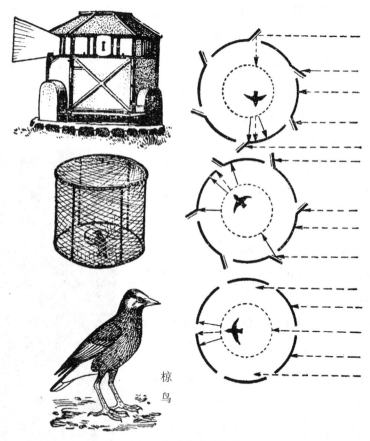

图8 鸟类的太阳导航

不处于迁徙兴奋期的椋鸟,是怎样按照太阳来定向的呢?我们可以做一个实验。沿圆形鸟笼周围等距离地安置若干个同样的小食槽,以排除利用它们作为定向标的可能性。每个小食槽上面用带有取食孔的橡皮膜遮住,孔的大小以使椋鸟能取食又看不见里面盛有食物为度。然后,每天早晨七八点钟时,使椋鸟习惯地知道在东方,即几乎与太阳成一直线上的小食槽里充满了食物。经过多次训练,椋鸟习惯于选取东面那只小食槽。其后,在其他时间(例如下午5时左右),当太阳在另一位置(西面)时,椋鸟仍然经常到东方那只小食槽取食。如果用镜子"把太阳移位",则椋鸟选取另一个小食槽。看来,椋鸟是依据太阳位置定向时,要对白天的时间进行校正,才能总到东面那只小食槽取食,而当"太阳移位"时,椋鸟就因糊涂而犯错误。据此,我们可以得出结论,椋鸟有计量太阳位移的"生物钟"。否则,椋鸟应该"跟踪太阳",即当太阳在西方时,仍应选择与太阳成一直线(西方)的小食槽。由于椋鸟能够把食槽位置和太阳位置联系起来,所以它们才可能在迁徙期间利用太阳作为罗盘。

椋鸟用太阳作罗盘时,它相对于太阳的角度必须每小时改变15°,这是白天太阳位置的平均变化速率。在上述实验里,如果用稳定光代替移动着的太阳,椋鸟取食的方位每小时移动15°。如果把训练好在一定方向上取食的椋鸟关在暗室里,每天太阳升起6小时后打开电灯,太阳西落6小时后关灯,以便把椋鸟的生物钟调慢6小时。几天后再把椋鸟放回笼子,这时它选择的取食方向在原来方向右面90°的地方。由于椋鸟的生物钟与太阳位相差1/4,因而寻找食物槽时也就偏差圆笼的1/4圈。

有些鱼也能利用太阳作定向标,例如鹦嘴鱼就是这样。夜间,这些鱼在岛屿浅滩区域的洞穴中休息;白天则游到距巢1千米的地方去觅食。同一群鱼成年累月地利用同样的洞穴和觅食地点。它们是用什么方法定向的呢?如果在每条鱼的背鳍上用尼龙丝拴上气球,就可以用眼睛来跟踪鱼的运动。为了便于夜间观察,还可以在气球上固定小的干电池和灯泡。现已查明,晴天时,它们在东南方向——洞穴与觅食地点的直线方向上游动。阴天和黑夜时,或把眼睛蒙住,它们就原地打圈子,徘徊不前。晴天时正在东南方向游动的鱼,一旦乌云蔽日,也会徘徊不前。假使用人工照明的方法将一昼夜延长6小时,即一"昼夜"30小时,那么,它们的运动方向将与原

011

来的东南方向成90°，即恰巧等于这段时间太阳方位角的变化！这不仅说明鹦嘴鱼按太阳定向，而且也证明它们能用生物钟对时间进行校正。

大家知道，许多鸟类是在夜幕的笼罩下踏上征途的。用雷达研究鸟类的迁徙发现，夜间天空上的鸟类比白天多得多。已经有毋庸置疑的材料证明，夜间迁徙的鸟类正是按照星象定向的。

北欧有一种鸣禽叫白喉莺，每年秋天经过巴尔干半岛由北飞向东南，飞越地中海，然后沿尼罗河谷向南，到达此河上游的越冬地点。它主要是在夜间飞行的。我们把白喉莺放在天象馆里，置于人造星空之下，白喉莺便会给我们表演它那卓越的导航本领(图9)。

图9　白喉莺的导航本领

当天象馆圆顶上映现出北欧特有的秋季夜空时，站在笼子中的白喉莺便把头转向东南，即它通常在秋天飞行的那个方向。然后，人造星空上的星星排列逐渐改变，使白喉莺觉得它在沿平常的迁徙途径移动。当天像馆圆顶上出现希腊南方的夜空时，白喉莺明显地转向南方。而当天象突然变成相应于北非的夜空时，白喉莺便径直向南"飞行"。当然，白喉莺仍在原地，它既没有在海洋上空飞行，也没有在森林上空翱翔。然而，白喉莺在笼中的行为，仿佛它确实经历了一番旅行而到达目的地似的。

这个实验证明，白喉莺能将夜空星星的排列与昼夜时间及四季更替一一进行对照，以便根据自己的生物钟和"生物历书"确定自己的位置。在没有任何可见的陆地定向标的情况下，只要看一下天空的星星就能精确确定自己在何处，应向哪里飞行！

看来，太阳和星象是鸟类的定向标。但是，下面的事实又怎样解释呢：有一次，在浓雾中，一群海鸠超过了用罗盘定向开往一个岛屿的船只，提前到了这座岛上。这些海鸠是怎样定向的？这个问题的答案尚有待于进一步的研究。

绿色海龟是有名的航海能手。每年3月,当产卵季节到来时,它们便成群结队从巴西沿海向阿森匈岛远航。这个小岛坐落在南大西洋中,离巴西2200千米,到非洲1600千米,小岛全长只有几千米,真可谓"沧海一粟"。但是,海龟却能准确无误地找到它。它们

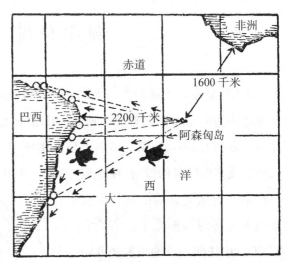

图10　绿色海龟准确地返回巴西海滩

在岛上产卵后,6月间,又爬回波涛汹涌的大海,踏上返回巴西的漫长征途(图10)。孵化出来的幼龟也游向巴西沿海,它们长大后再沿着父母的"足迹",回"故乡岛"上产卵。有人认为,幼龟是受南赤道洋流的裹挟来到大陆的,而成年龟逆洋流返回小岛时,靠的是星空的引导。在接近小岛岸边的地方,海水给予特殊的化学信号,它们是在幼龟离开这里时"记住"的。

近年来,人们广泛应用生物遥测技术研究动物的迁徙和定向,以精确查明它们的航行路线。海龟能携带较大的发报机,电池和天线,故采用生物遥测技术进行研究较方便(图11)。当它每隔半分钟露出海面吸气时,发报机便发出无线电信号,根据这些信号就能确定海龟的航行路线。

图11　利用小型无线电发报机追踪海龟的航行路线

偏光罗盘

太阳,光芒万丈照四方。太阳光——电磁波以30万千米/秒的神奇速度穿过深邃的宇宙空间普照大地。太阳光是天然光,即光振动均匀地分布在各个方向上,不会在某一方向上呈现优势。但当它穿入大气层时,受到大气分子或其他颗粒的散射,便变成只在某一方向上振动或某一方向振动占优势的偏振光了。实验表明,天空中任何一点的偏振光方向都垂直于太阳、观察者和该点所组成的平面(图12),因此,根据任何一个太阳位置,人们都可以确定整个天空的偏振光图景。反之,由天空偏振光图景也可推断出太阳的位置,即使是阴云密布的天气。

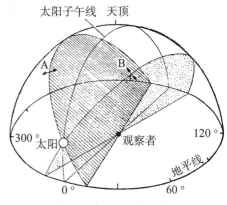

图12 天空光的偏振方向

可是,人眼觉察不出光的偏振现象,而只能靠检偏振器来检查。把这一仪器对着天空某一点转动,就会看到亮度和颜色的变化。虽然人们早就知道天空偏振光,但却没想到能用它来导航。现在才了解,民间传说中的"太阳石",原来就是可当作检偏振器用的堇青石晶体,怪不得古代曾有人用它来航海,虽然当时的人们并不一定了解天空偏振光。

令人惊异的是,远在人类出现前,蚂蚁、蜜蜂、甲虫等动物就已经用天空偏振光来"导航"了。观察一下蚂蚁的行为是颇有兴味的:在草丛和坎坷不平的地方,它们即使爬行了很远的距离(与其身长相比),仍能返回自己的巢穴。在沙漠上生活着一种蚂蚁,为了寻找食物常在荒漠上孤独地转来转去,一旦获得美味,不管逛出去多远,也能径直回巢。这种沙漠蚁不仅定向精确，而且"学习"能力强。用奖励甜食的办法，能训练它在指定方向上爬行一定距离。如果把训练好的蚂蚁装在不透光的瓶子里，带到一二千米外的地方，往地上一放，它们就在回家的方向上开始爬行。在爬完训练时离开巢的那段距离后，便开始兜圈子找巢——虽然家在一二千米外，但蚂蚁则"认为"爬完那段路该是到家了。

如果在回巢的路上，让沙漠蚁通过各色滤光片观察天空，那么，人们将发现：波长为410纳米以上的天空光会使蚂蚁东跑西窜，仿佛迷途的羔羊忘了回家的方向，若给它看波长更短的光，蚂蚁便立即恢复正确的运动方向。我们人眼感觉的光波长范围是400~750纳米，波长比400纳米短的电磁波就是紫外线、X射线和γ射线了。事实表明，蚂蚁具有和我们不同的眼睛，它能看见人的肉眼看不见的某些光线，但是，在对我们所看不到的这些光线的认识上，蚂蚁却远不如我们人类。如果使天空光去偏振，蚂蚁的行动也会被打乱。这下子真相大白了，原来，蚂蚁是利用偏振紫外线"导航"的！这并不是说蚂蚁有什么超人的"才能"，而是因为茫茫沙漠之中没有明显的地标可取，只能把天空偏振光当作"指南针"；又因天空光的偏振在紫外波段最稳定，以它为标志是十分牢靠的。至于蚂蚁的这个本领，显然是亿万年自然选择的结果。

这种蚂蚁的眼睛是复眼，每只眼由1200个小眼组成。用不透明的漆涂在蚂蚁双眼的后1/3上（图13中影线），蚂蚁的回巢能力不受影响，在离出发点的各个距离（2米内不计）上都发现有蚂蚁（黑点）；但如果把复眼的前1/3漆上，只有寥寥几只通过了第一圈（距离为2米），没有一只蚂蚁能爬出6米的圈。我们知道，昆虫是"目不转睛"的，动眼必动头。如果用一个屏把蚂蚁视野的下部变暗，蚂蚁行动如常；若变暗区达到一定区域，蚂蚁便做出有趣的反应：黑影往上移，它的头也向上抬；如果它的头已抬到最大限度，黑影还要上移，那脖子受够罪的蚂蚁便决然拿出最后一招——一个筋斗向后翻去。这些实验说明，沙漠蚁感受偏振紫外光的小眼，只在复眼的上缘占据一小块区域，可能还没有10个小眼那么大。看来，其余小眼则用于周围物体的识别和运动检测。

015

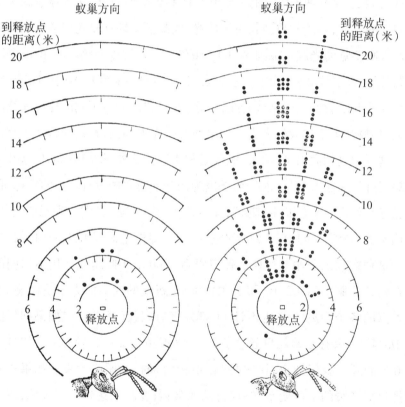

图 13　沙漠蚁感受偏振紫外光的小眼位置

有一种甲虫叫大头金龟子,也和蚂蚁一样能按天空偏振光"导航"。这种昆虫以咬植物的嫩茎绿叶为能事,实为农业害虫。为了用茎叶堆满它的地下巢穴,一只金龟子一生要出洞觅食几百次。每次出洞后,几乎是沿直线向前爬去,直到遇上植株或青草丛,咬下一片绿叶或一小段嫩茎,衔在嘴里,倒退着返巢。若出征一无所获,或身临险境,金龟子便头朝前爬回窝。为了寻找合意的食物,它有时也会走曲折的路,但不管爬行路线多么复杂,返巢时走的总是捷径,而且一踏上返回的路程,它就将"航向"对着巢穴。在回去的路上,如果把金龟子移至路径的一旁,它会继续沿原先的方向爬一段距离,然后才开始兜圈子找窝,而这段路却正好等于从它被移开的地方到窝的距离。若把它移到靠近窝的地方放开,金龟子便一反常态,竟然"过家门而不入",一股劲儿往前爬,直至走完它"认为"应爬的那段距离才开始找窝。总之,大头金龟子一定要在回巢的方向上爬完它觅食时离开巢的那段距离才肯罢休(图14)。

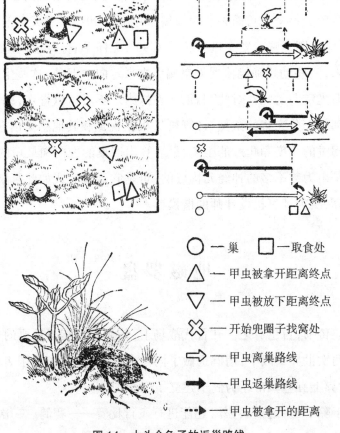

○ — 巢　　☐ — 取食处

△ — 甲虫被拿开距离终点

▽ — 甲虫被放下距离终点

✖ — 开始兜圈子找窝处

⇨ — 甲虫离巢路线

➡ — 甲虫返巢路线

┅➤ — 甲虫被拿开的距离

图14　大头金龟子的返巢路线

这种大头金龟子的眼睛也是复眼，其中包含了1500个小眼。只是由于颧部突出，把每只眼分成上下两部分，上半眼观上顾后，下半眼瞻前察下，也兼留神侧面。看来，大头金龟子"眼观六路"是名副其实的了。

和蚂蚁一样，大头金龟子的眼睛是它的偏光"导航仪"。把金龟子放在一块板上，不管板的倾斜度如何变化，只要让它能看到天空和太阳，它就能在回巢的方向上爬行。我们常说"蓝湛湛"的天空，但天空的蓝色并不均匀，离太阳90°的地方最蓝，太阳光的偏振度也最大。在金龟子眼的上方置一偏振片，使通过它的偏振光和相应的天空区域的偏振光同样方向，这时金龟子的行为如常；若将偏振片旋转90°，在200次试验中，有80%的金龟子在回巢途中立即停止前进，开始兜圈子，转弯子，甚至反其道而行之，其中一半金龟子拐个直角而去。因为偏振片旋转90°，对靠天空偏振光定向的甲虫来说，则意味着整个世界转动了90°，无怪乎它们更弦易辙了。

看来，一些动物确能依据天空偏振光来定向。但是，这些生物是怎样利用偏振光定向的呢？对此，目前正在探索。不过可以肯定，蚂蚁和甲虫的脑子都是十分完善的微型"计算机"，根据视觉和其他感觉信息，它会不断积分拐过的角度和爬过的距离，最后算出回巢的方向和最短的路径。昆虫的脑是由为数不多的神经元构成的，可是它竟能完成如此复杂、这般迅速的计算，实为计算机设计师的楷模。

地磁罗盘

信鸽传书，古已有之。在古代战场上，信鸽还是相当重要的"通信兵"呢！在两次世界大战中，信鸽也做了同样有价值的工作。为了表彰它们的功绩，世界上有些城市还为鸽子建立了纪念碑。

鸽子除了当"通信兵"外，还能进行飞行比赛——赛鸽。一次比赛，往往把上千只鸽子运到几百千米乃至一两千千米外。在赛鸽中，鸽子每小时飞80千米是普通速度，最快的鸽子一天能飞上千千米。我国也举行过几次鸽子比赛。一次，将上海的一批家鸽运到石家庄，在那里放飞后，它们便径直飞回上海。其中有一只叫"小雨点"的鸽子，风雨无阻，兼程返沪。

鸽子是怎样认得归家之路的呢？长期以来一直是个谜，它激励着许多人来研究这个问题。是鸽子眼神好，记性惊人吗？把鸽子装入严密遮挡的笼子，运到一个陌生的地方放飞，它们照样能轻而易举地找到回家的方向。如果把毛玻璃接触透镜装在鸽眼上，使它们不可能看到几米以外的东西，然后将这些"近视眼"鸽子运到100多千米外放飞，它们也能飞回来，并且准确地降落在鸽舍附近一二米的地方——只是在这个距离上才需要眼睛帮忙，这说明鸽子的导航系统是相当精密的。

100多年前，有人提出鸽子利用地球磁场导航的假说，现已用实验部分地得以证实。把小磁棒缚在鸽身上，使其周围的地磁场发生畸变，把这些鸽子运到外地，如果在阴天放飞，它们便向四面八方飞散而去，而带铜棒的对照鸽子则取回家的方向；如果在晴天放飞，带磁棒和带铜棒的鸽子没什么区别，都能向"故乡"方向飞奔而去（图15）。为了进一步证实这些实验结果，人们在鸽子头顶和脖子上绕上线圈，通以电流，使鸽子头部产生一个均匀的附加磁场。当电流反时针方向流动时，线圈产生的磁场北极朝上，这时无论晴天或

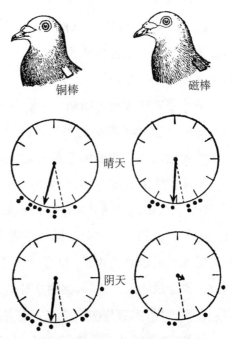

铜棒　　　　磁棒

晴天

阴天

图15　磁棒对鸽子导航能力的影响

黑点——用望远望看到的鸽子消失的方向
虚线——鸽舍的方向
箭头——鸽子平均飞行方向，长短简表示各个
　　　鸽子选择飞行方向的重合程度

阴天,在外地放飞的鸽子都取回家的方向,如果电流顺时针方向流动,线圈产生的磁场南极朝上,晴天放飞的鸽子回家,而阴天放飞的鸽子则"南辕而北辙"(图16)。同时,人们也观察到,在强大的无线电台附近,在太阳发生强烈磁暴期间以及在日食时,鸽子也会失去定向能力。而由太阳耀斑和黑子引起的地磁变化,虽小于 100 伽马(1 伽马为 10^{-5} 高斯),已足以显示出对鸽子选择飞行方向的影响。上述事实说明,鸽子是按地磁导航的。

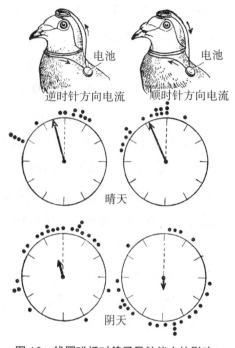

图 16　线圈磁场对鸽子导航能力的影响

　　鸽子是怎样按地磁场确定飞行方向的,目前尚不得而知。有人把鸽子看作是电阻为 1000 欧姆的半导体,认为在它振翅飞行时,两翅尖端之间产生极大的电动势。地磁场是有一定方向的,如果鸽子按不同方向飞行,由于切割磁力线的情况不同,产生的电动势也各不相同。当有相应的感受器时,鸽子就可根据从翅膀来的信号得知自己的飞行方向,类似飞行员按照无线电导航台的信号定向那样。完成这些功能的器官,大概是半规管、眼眶附近区域或眼睛的栅膜。也许鸽子另有特殊的磁感觉器官,鉴于磁场可以自由地穿过活组织,有人推测这种检测磁性的感受器也可能是在生物体内。目前,世界上有许多实验室正在寻找这些磁检测器。

　　但是,地磁场并不是鸽子的唯一导航罗盘,上面的实验表明,晴天时鸽子按太阳导航,附加磁场对它没有什么影响。同时,用前节中椋鸟实验的同样方法,可以证明鸽子能根据太阳选择特定的方向,并由其体内生物钟对太阳的移动进行校正。鸽子能检测偏振光,只要不是满天乌云,还有蓝天可见,它就能以太阳作为罗盘。鸽子对气压的微小变化很敏感,也可能从气压分布情况中获得有关导航的信息。虽然鸽子的嗅觉系统不太发达,但有些试验暗示它也有利用嗅觉信息辅助导航的可能性。

为了研究鸽子的定向和飞行,可用望远镜视觉跟踪二三千米,或进行无线电跟踪:给鸽子背上小型无线电发报机,从两个不同地点接收无线电信号,便能判定鸟的空间位置,这样可以跟踪十几千米以上。这时,20多克重的调频发报机和电池固定在鸽背上,40多厘米长的发射天线拖在鸽尾后面(图17)。如果用装有接收机的飞机,在鸽的上空跟随飞行,当然能获得更多资料。视觉和无线电跟踪表明,在远处放飞点放飞的鸽子,开始不是直飞回家方向,

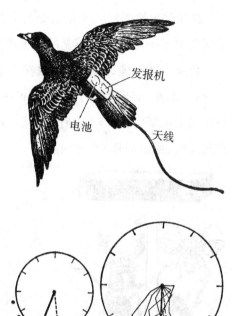

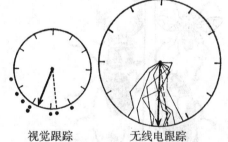

图 17　鸽子的无线电跟踪和放飞点偏差

而是与放飞点略有偏差,看来鸽子导航还与局部的地球物理因素有关。

我们的地球是一个在宇宙空间旋转着的巨大的磁体。和任何磁体一样,它的周围也有磁场——地磁场。生活在地球上的一切生物都处在地磁场的作用之下。虽然一般人感觉不到它的作用,但可用磁针来证明它的存在。

如果你细心观察一下,就会发现甲虫、蜜蜂、苍蝇和其他昆虫在起飞和"着陆"时喜欢取北——南或西——东方向,俨然如同活的磁罗盘(图18)。侦察蜂回巢后,在垂直面上会以特有的"舞蹈",向其他工蜂报告所发现的食物方位。如果使它在水平面上跳舞,它喜欢取南北或东西向;若这舞场

的四周被绕上线圈,并通以电流,使产生的磁场与地磁场大小相等,但方向相反,侦察蜂就神魂颠倒地狂舞起来。如已训练好蜜蜂按"时刻表"外出觅食,一旦地磁场出现异常,飞出蜂巢的时间竟可误差十多个小时。实验表明,蜜蜂对比地磁弱几千倍的磁场表现出定向反应。很可能,1 伽马的磁场强度也不一定是蜜蜂感觉的最低限度。

　　鱼类也能检测磁场。把鱼放在一个它不熟悉的水池中,如果没有其他定向标(水流、温度差等),它就在北——南方向上游动。实验表明,鱼的间脑能感受磁场(图 19)。更有趣的是,有一种白蚁,其扁平的蚁巢精确地取南北方向,所以叫作"罗盘白蚁"。

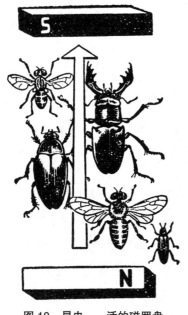

图 18　昆虫——活的磁罗盘

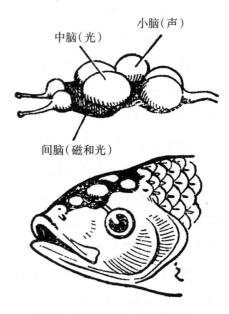

图 19　鱼脑感受声、光、磁的分工

　　让我们来做一个实验:把蜗牛放在一个玻璃容器里,并使容器开口向地磁场的南极(图 20)。我们可以观察到蜗牛爬出容器后转弯的方向有一定规律:早晨向右,中午向左,晚上又向右。如果每天在同一时间观察,路线变化也有周期性:月初和月中相对地偏右,7 日和 22 日前后相对地偏左。这说明蜗牛能检测地磁场的月、日的周期性变化。

图20　蜗牛检测地磁场的周期性变化

　　用同样的方法也可检验磁场对涡虫的作用(图21)。涡虫按照月亮的圆缺变化改变其运动方向,但这种反应可被置于容器下面的棒状磁铁的磁场所改变。在一个南北向的磁场中,看不到涡虫对月亮的圆缺变化有反应(图21中图),当把磁棒旋转到东西方向时,则表现出对月亮的圆缺变化的反应(图21右图)。地磁场不仅是某些动物的一种导航罗盘,而且也是植物生长的一种因素。人们多次观察到,在天然和人工磁场里,植物的幼根往往偏向南极方面。有人报道,若使小麦种子严格沿南北方向播下,产量会明显提高。较强的人工磁场对生物的作用更明显:雏鸡生长加快,蝌蚪寿命延长,老鼠耐照射能力增高,燕麦胚芽朝弱磁向。强磁场加于人头部,人则两眼冒金星。在一定强度的磁场里,血凝速度加大,细胞膜透性提高。我国医务、科技人员创造的"磁疗法",就是磁对生物作用的具体应用。

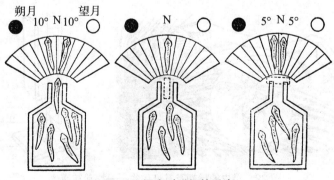

图21　涡虫对磁场的反应

苍蝇的振动陀螺仪

我们往往把无目的地东碰西撞的行动说成"像无头苍蝇一样"。其实，如果把任何双翅目昆虫的楫翅（平衡棒）切去，其行为也像无头苍蝇那样莽撞。楫翅是昆虫后翅的痕迹器官，状似哑铃（图22左）。它的功用是调节昆虫翅膀向后返回的运动，并保持虫体的紧张性，使昆虫能一举飞离开去。但楫翅最重要的功能是作为昆虫的振动陀螺仪——在飞行中使之保持航向而不使偏离的导航系统，它是自然界中的天然导航仪。

大家知道陀螺转动时，它的轴总是朝着一个方向不变的。利用这个原理制造的陀螺仪是飞机、轮船、火箭惯性导航系统的重要感受器。但这种陀螺仪都有高速旋转的转子，不易小型化。要制造高精密度的、小型化的陀螺仪，就需要寻找新的途径。生物学研究告诉我们，双翅目昆虫飞行时，它们的楫翅以较高的频率（330 次/秒）振动着。当虫体倾斜、俯仰或偏离航向时，楫翅振动平面发生变化，这个变化被其基部的感受器感受，并把偏离的信号发送到昆虫的脑子。脑分析了发来的信号后，发出该侧翅膀运动速度的指令给有关的肌肉组织，于是就把偏离的航向纠正过来了。蛾子、蝴蝶、甲虫等没有楫翅，但它们的触角能在水平面上振动，其功能与楫翅同。

楫翅

音叉

弹性杆
中柱

基座

图22　昆虫的楫翅及其模仿物——振动陀螺仪

人们依据昆虫的这个导航原理,研制成功了振动陀螺仪(图22右)。它的主要组成部分形状像只音叉,支脚装在基座上。在音叉的两腿之间和每只腿的外面都有电磁铁,从发电机来的电流交替使这些电磁铁动作,于是音叉产生固定振幅和频率的振动,创造出与昆虫楫翅同样的陀螺效应。当航向偏离正确航向时,音叉基座的旋转使中柱产生扭转振动,中柱上的弹性杆也随之振动,并将此振动转变为电信号传送给转向舵,于是航向被纠正。已制成的这种无摩擦的振动陀螺仪体积很小,可装入一只茶杯,但其准确性相当于比它大 5 倍的普通陀螺仪。受生物原理的启发而发展起来的陀螺新概念,又使人们研制成功了振弦角速率陀螺和振动梁角速率陀螺,由于它们没有高速旋转部分和支持轴承,消除了摩擦,因而达到了小型化和精度高的要求。

这种新型导航仪器现已用于高速飞行的火箭和飞机。装备有这种仪器的飞机,能自动停止危险的"滚翻"飞行,强烈倾斜时也能自动得以平衡,使飞机的稳定度非常完善,以致在最复杂的急转弯时,飞机也能万无一失。

蜜蜂的偏光导航仪

蜜蜂是以辛勤劳动著称的,我们吃的蜂蜜是它们的产品。所以,恩格斯把蜜蜂叫作"能用器官——工具生产的动物"。后来的研究,又揭示了它们生活中的许多奥秘。现在已知,蜜蜂是具有天然偏光导航仪和生物钟的典型代表,它还有完善的声音通信系统。因而可以说,蜜蜂不仅为我们提供大量蜂蜜和蜂蜡,而且又提供了很好的工程技术模型。

我们把蜜蜂用油漆做上记号,在蜂巢的四壁上安上玻璃,就可以观察到许多有趣的现象,还可用快速电影摄影机把它拍摄下来。如果侦察蜂在距巢 60 米以内找到蜜源,返巢后便在巢脾(连成一片的巢房)垂直面完成一种"圆"舞动作。蜜蜂跳的这种舞近似正圆形,在舞圈中央,它改变飞行方向,差不多沿同一圆周向后转弯(图23)。侦察蜂跳舞时,其他工蜂聚精会神地紧跟其后,然后根据舞蹈蜂身上的花蜜气味飞出去寻找同样气味的花丛。花蜜越多越甜,侦察蜂就跳得越起劲,好像是说:"大家快去采吧!"这种圆舞不能指示蜜源的距离和方向。如果侦察蜂在较远的地方发现了食物,它便改用更复杂的"8"字舞来通知其他工蜂。在连接"8"字两环的那部分路线(直跑)舞蹈时,蜜蜂还迅速地摆动着尾部,所以又叫"摆尾舞"。蜜源的距离不同,在一定时间内完成的舞蹈次数也不一样:距巢100米以上的,15秒钟内重复"8"字舞近10次;距巢8千米时,在同一时间间隔内,蜜蜂充其量只完成一次舞蹈。同时,花蜜越甜,在跳舞时腹部摆动次数越多。这样,紧跟其后的工蜂便知蜜源的距离和质量了。

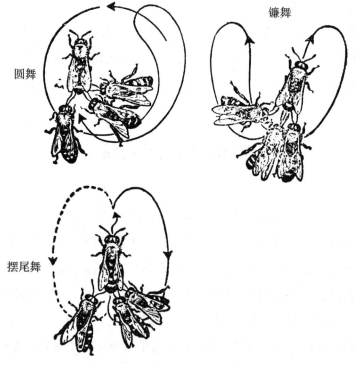

图23 蜜蜂的舞蹈"语言"

侦察蜂完成"8"字舞后,原来跟在后面的工蜂便飞向侦察蜂指示的食物源,而侦察蜂并不陪同前往。蜜蜂怎样了解它们应该飞往什么方向呢?

原来，蜜蜂舞蹈的直跑方向指示着蜜源方向。直跑垂直向上的方向表示应向太阳方向飞行觅食，而向下则指示相反的飞行方向。如果蜜源位于太阳所在方向的左面或右面一定角度，那么，在蜜蜂的舞蹈中，直跑也偏离垂直方向相应的角度(图24)。事实上，侦察蜂报告的这个角度不是很精确的，有人发现其误差与地磁方向的异常有关，这也是

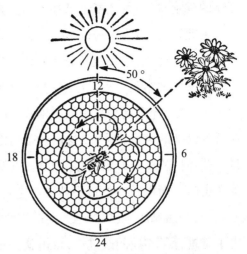

图24　蜜蜂的方向指示和生物钟

蜜蜂感觉地磁变化的一个证据。我们知道，太阳在天空中的位置在不断变化着，蜜蜂要准确地用它作为定向标，舞蹈的直跑方向也必须作相应的变化。实际上，"8"字舞的直跑方向在不断地作逆时针方向转动。太阳方位角每小时变化15°，蜜蜂舞蹈的直跑方向也相应地逆时针转动15°！换言之，蜜蜂具有测时机构——生物钟。

我们了解了蜜蜂的这个秘密，便可以控制它的活动。例如，我们在蜜蜂爱吃的糖水中加入油菜花香味，侦察蜂吃后飞回去用圆舞通知其他工蜂，它们就根据气味到附近油菜地去采蜜了。这样，就可以缩短蜜蜂寻找花蜜的时间和减少体力消耗，同时得到更多的蜜。只要在糖水中加入一种花香味，蜜蜂就会到这种花上去采蜜。用这种方法，不但可以得到不同的蜂蜜，而且可以加强植物的传粉，提高农作物产量。据实验，这样可使油菜增产66%，果树增产60%，荞麦增产55%。

近年来发现，蜜蜂除用舞蹈相互通信外，还用声音进行"交谈"。如果在蜜蜂跳舞期间，把小型微音器放入蜂巢内，就能听到洪亮的"特尔——特尔"声，短暂停顿后又复始。观察舞蹈的工蜂，在听到这些信号后即离巢觅食。研究证明，蜂音的持续时间与蜜源的距离有关，单个声音的高度及其

停顿的延续时间,大概指示已找到的花蜜的质量和数量。

到此,人们以为蜜蜂的"语言"之谜已被全部揭示,于是就制造了一只电子蜂放入蜂巢,它在跳舞时也发出一定声音。人们预想,围绕电子蜂的工蜂一俟舞蹈结束,就应飞出蜂巢寻找所描述的蜜源。但是,意外的事情发生了,电子蜂遭到了真蜜蜂的围攻。原来,在舞蹈蜂发出声音后,有时还能听到其他的声音,看来,这声音是周围蜜蜂中的某一只发出的,好像是说:"我懂得。"此时舞蹈应立刻停止,以使别的蜜蜂有可能嗅嗅舞蹈蜂身上的花蜜味。而电子蜂的过失就在于它对其他蜜蜂发出的这一信号竟然置若罔闻,仍然舞蹈不已。于是,真正的蜜蜂被激怒了,便群起而攻之。但对电子蜂进行了相应的改进后,攻击就停止了。这使科学工作者产生了一个诱人的设想:将来用电子蜂来指挥蜂群的活动!想让蜜蜂往什么地方飞,就令电子蜂跳相应的舞蹈,并发出相应的声音。

当然,不同种的蜜蜂也有不同的"语言",就像居住在不同区域的人各有自己的语言一样。例如,有的蜜蜂报告距巢9米以内有蜜源时跳"圆"舞;当距离大于9米则改跳"镰"舞:镰面直接指向蜜源,跳得越快表示蜜的质量越好。距离再增大,若在37米以上,"镰"舞则改为"8"字舞。一般蜜蜂既会在水平面上跳舞,此时在直跑中头直接指向蜜源;也会在垂直面上跳,此时垂直向上的直跑代表太阳方向。但有一种小蜜蜂只会在水平面上跳舞,在跳"8"字舞时,直跑方向直接指向蜜源。无刺蜂的"语言"最简单,由于它们对舞蹈"一窍不通",侦察蜂回来就在巢内胡跑乱窜,东冲西撞,引起伙伴们一阵骚动,接着其他蜜蜂便跟它去采蜜了。

蜜蜂是怎样确定太阳的方位呢?蜜蜂共有5只眼:头两侧有2只大的眼睛,每只由6300只小眼组成,叫作复眼;另外3只生长在头甲上,叫额眼,它们是单眼,现在证明它们起光度计的作用。换言之,单眼是照明强度的感受器,能分辨照度(1.5~5勒克司),它们决定蜜蜂早晨飞出去和晚上归巢的时间。复眼中的每个小眼由8个感光细胞组成,并作辐射状排列(图25)。实验证明,蜜蜂正是利用这些小眼感受太阳偏振光,并据此来定向的。我们使蜜蜂在水平放置的巢脾上,用舞蹈来表示放在巢东面的食物,然后,用带窗户的薄板遮挡住巢脾,使蜜蜂只看到一部分天空,此时蜜蜂继续用舞蹈正确指示食物方向。之后,把一片起偏镜安装在窗口上,使天空的部分偏振光变成完全偏振光。如果起偏镜安装得使北部天空的偏振平面法线方向(即平面的垂直方向)不变,蜜蜂仍能按以前的方式正确指示食物的方向。假定起偏镜在任何其他位置,透过小窗口的光线偏振平面变了,蜜蜂指示食物方向的那部分舞蹈也会相应发生改变。

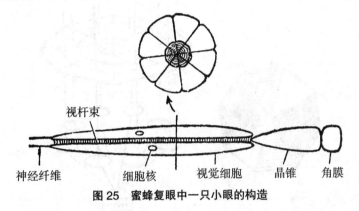

图25　蜜蜂复眼中一只小眼的构造

现在,我们来按照蜜蜂小眼的构造做个八角形的偏光滤光器,可以把它视为蜜蜂眼睛的模型。透过这只人造蜂眼观察不同区域的天空,可以发现图景像万花筒那样变化:天空的每一区域都有自己特有的明暗比例。把这只人造蜂眼指向上述实验里蜜蜂看到的那部分天空,我们马上就可理解蜜蜂为什么后来改变了自己的舞蹈方向:原来,转动起偏镜时,照度比例变成另外一块天生的情况。这时,侦察蜂以为太阳在另一个方位,于是便迅速地改变了舞蹈中的直跑方向。当用起偏镜创造出实际天空中不可能看到的图景时,蜜蜂终于晕头转向,无所适从了。由此可见,蜜蜂是根据太阳的偏振光确定太阳方位的,因而能以太阳为定向标来表示蜜源的方向。

在昆虫界,根据偏振光确定方向的还有蝇类、金龟子、蚁类等。在其他动物中,鲨和水蚤对偏振光也很敏感。用太阳偏振光定向的优点是,在乌云蔽日或太阳处于地平线以下,仍能以太阳作定向标。

人们从蜜蜂的这种太阳偏光定向技术中得到了启发,制造出了用于航海的偏光天文罗盘(图26)。使用这种仪器的海员,即使在阴天和太阳未出来或已西沉之时也不致迷失在茫茫大海上。按照同样原理制造的偏光天文罗盘也已用之于航空。因为地磁场的两极就在地球的两极附近,所以在南极或北极附近的高纬度区域定向,就不能用磁罗盘,必须改用偏光罗盘或其他天文方法。

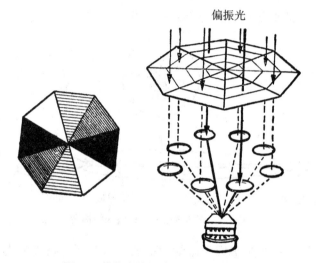

偏振光

图26　模仿蜜蜂眼睛的偏光天文罗盘

第二章　模仿眼睛的仪器

人　造　眼

眼观六路,耳听八方,生物每分钟都要接受几百个外界的刺激。因此,感觉器官对生物是非常重要的。仿生学研究和模拟它们,主要是力图借以改善现有的计算机和自动机输入装置,研究它们的新的设计原理,以满足计算技术、无线电定位、发现和导航系统的需要。

在人的感觉器官当中,最完善、最精巧的器官是眼睛。在人感觉的外界信息中,有90%以上是通过眼睛获得的,故眼睛有"脑之天窗"的美称。脊椎动物(其中包括人)的眼睛里,除了接受外界光信号的感受细胞外,构成眼视网膜的细胞(神经元)分成好几层,类似大脑皮层的结构,它们完成大量与信息加工有关的工作,所以有人认为眼视网膜是十分粗略的"脑模型"。实际上,在有机体的发育过程中,视网膜就是由间脑壁凸起而成。

光射入眼睛时,通过一系列光学介质,最后落在视网膜上。图27是脊椎动物视网膜的构造示意图。在外层色素细胞下面,排列着两种光感受器——视杆细胞和视锥细胞。视锥细胞司白昼视觉,对光的灵敏度小,但分辨本领大,能分辨颜色。视杆细胞司夜间视觉,它不能分辨颜色,分辨本领也小,但对光的灵敏度大。人的视网膜约含有500万个视锥细胞和1亿个视杆细胞。

信号从光感受器经外突触层进入双极细胞——因有两个突出而得名。它的一个突出由外突触层接收信号，另一个突出再把输出信号传给内突触层。内突触层与神经节细胞连接。在神经节细胞里，连续的慢电位转变为电脉冲，即通常所说的神经脉冲。神经节细胞的轴突（视神经纤维）组成视神经，人的视神经由100万根神经纤维组成，也就是说，几乎每根视神经纤维分摊100多个光感受器。视网膜产生的神经脉冲就沿这条视神经传给大脑。

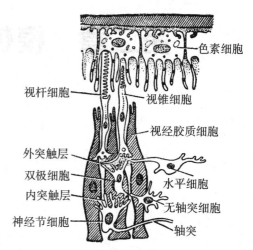

图27　脊椎动物视网膜的构造

此外，还有两类细胞——水平细胞和无轴突细胞，它们实现光感受器、双极细胞和神经节细胞之间的交叉相互作用。

视觉系统怎样用有限数量的神经细胞描述周围世界形形色色的物体图像呢？让我们来看看这样两种描述方式：第一种是图像的连续描述。这样即使只描述图像的一个轮廓，也需要极大量的神经元。第二种方式是使每一种图像对应一个神经元。不难想象，因为物体图像的千差万别，不可计数，需要的神经元数目就大得不得了。看来，应该采取第三种办法，即感觉的不是图像的一切点，而是轮廓最典型的特征——线段、角度、弧度等。这样的描述方法具有信息编码的性质，即以最简练的形式来描述视像。

线段、角度、弧度、反差、颜色和运动等图像的这些简单特征，是由感受域来抽取的。如果用小光点刺激蛙视网膜，并从单根视神经纤维引导信号就会发现，只有在光照射某个面积有限的小区域时，才产生应答脉冲。视网膜上与某个神经节细胞联系的区域，就叫作这个细胞的感受域。如果这个感受域对反差有反应，相应的神经节细胞就叫反差检测器。感受域在颇大程度上相互重叠。感受域的灵敏度中心最大,向边缘递减。视觉系统高级部位,如膝状体和脑皮层神经元的感受域是由视网膜上简单的感受域合成的(图28)。

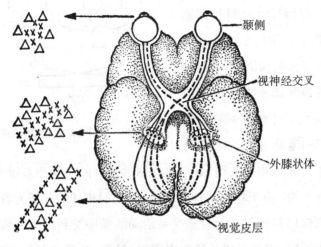

颞侧

视神经交叉

外膝状体

视觉皮层

图28 复杂感受域的合成
×——兴奋,△——抑制

不同感受域信号相互作用的原理,已被应用在控制论技术系统中。这个跟踪运动目标的模型,可以用在跟踪目标的无线电定位系统中。

由光电管构成的单个感受域如图29所示,其中×表示兴奋感受元件,△表示抑制感受元件。由几个感受域交盖构成的模型示于图30。同一个感受域的所有兴奋和抑制光电管,与同一个人造神经元连接,并使神经元的阈值(引起兴奋最低的刺激值)略小于其兴奋输入信号的总和。在图30上,抑制联系用小黑点表示,表示兴奋联系的没有这种小黑点。

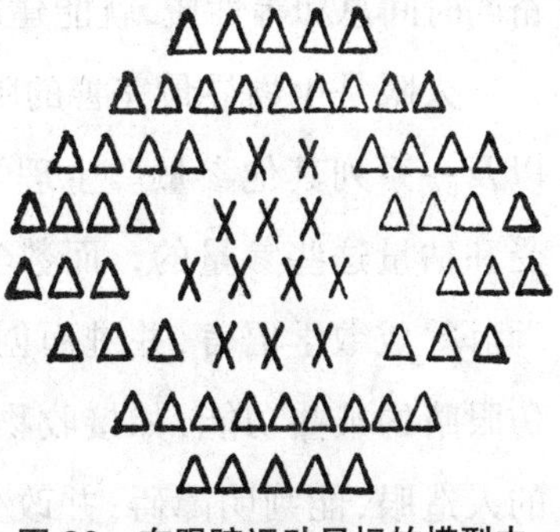

图29 在跟踪运动目标的模型中,由光电管构成的感受域

光点投射到感受域中心时,它将兴奋第二层相应的人造神经元。由于感受域的交盖,第二层的相邻神经元就不可能同时兴奋。因此,第二层神

经元就好像是光点检测器——它们确定在模型"视野"中有光源。

第三层神经元只对相邻感受域的顺序兴奋发生反应。这层每个神经元的阈值，即引起神经兴奋的最低刺激量大小，选取在一个输入不能使它兴奋。但由于目标的运动，第二层相邻神

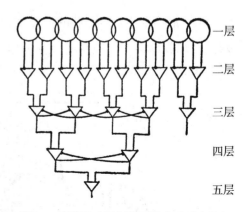

图30　跟踪运动目标模型的感受域交盖图

经元的输出脉冲相继来到，如果这些脉冲来到的时间相差很小，第三层神经元可被兴奋。由于相互的抑制联系，第三层相邻的神经元就不可能同时兴奋。第四层神经元对大量感受域活动的顺序交替发生反应。这个性质的进一步扩展，由第五层神经元来实现，等等。为简单起见，图上的每个上层神经元只与下层一个神经元连接，事实上，上层每个神经元与下层好几个神经元连接。

总之，如果利用感受域的交盖，各层相邻神经元的相互抑制影响，和兴奋的时间总和等性质，就能建造模拟生物感受器跟踪运动目标能力的模型。

人眼是生物界最完善的眼睛，它能确定深度、距离、物体的形状和大小以及一系列其他参量。生理学和心理学工作者大致查明了眼睛是怎样感受和估量这些参量的，而数学工作者和工程技术人员则把这些研究成果"翻译"成数学语言，并进而创造了"人造眼"。这种人造眼用光导摄像管模仿眼睛的某些功能，如接收物象、进行测量并传递信息。安装在自动车上的人造眼，能判明障碍，并改变小车的行进方向以避免碰撞。这一装置的进一步完善，可安装在飞往月球和其他行星的无人驾驶航天飞船上。当这艘飞船抵达目的地时，这种电子眼可以自己选择最适宜的着陆地点。如果把它安装在自动行驶的探险车上，可在人迹从未到过的地方长途巡行（图31）。人们还在研究人的空间视觉，以创造一种景深自动测量仪，用来

分析航空照片,或自动绘制立体地形图。

　　人和动物眼睛的视网膜是典型的生物信息加工系统之一。为了揭示图像识别原理,探索它的工程实现途径,人们设计了不少视网膜电子模型,并演示了一定的视觉现象。有一种红外探测设备就是模仿视网膜的。它是一个由许多光电导体探测器镶嵌而成的平面,类似于人眼,能连续盯住整个视野,不像其他探测设备那样需要进行扫描,所以叫作"凝视"探测设备。在跟踪多个目标的同时,它还能搜索其他一些目标。因此,这种探测设备会有重要的军事应用,如

图31　装有人造眼的探险车在月球上巡行

探测和跟踪导弹或对付激光制导的武器。这种探测设备的分辨率和灵敏度都很高,由于没有机械扫描探测设备的运动部分,可靠性也大为提高。这就为今后研制非扫描探测装置开辟了新的途径。

　　人眼对光的敏感性也是非常惊人的。在黑暗中适应了的人眼,能感受 10^{-17} 焦耳(5~14个光量子)的光能。它又能容忍巨大的光能流。例如,在观看太阳或电弧时,眼睛接受的光能就非常之大。现代最灵敏的光电管,要获得3微安的电信号,需要的光能功率为 0.15×10^{-6} 瓦。要使技术装置达到人眼的灵敏度,需要在液氦的极低温度下,即在周围热噪声几乎等于零的条件下才能做到。此外,人眼还能分辨1.7万种不同的色调,这是现在任何技术装置都望尘莫及的。所以,如果能创造出具有人眼光敏度的仪器,那便意味着测量技术的革命。

035

蛙的千里眼

池塘边上蹲着一只青蛙，一动也不动。它那凸眼凝视着远方，仿佛沉醉于幻想之中。人们常被青蛙这种泰然自若的假象所迷惑，其实它却像卷紧的发条那样紧张，随时准备"蹦"向飞虫，或躲避敌害。

与人一样，青蛙主要通过眼睛获得关于周围世界的信息。由于蛙眼构造不太复杂，而且与脑子的神经联系也比较简单，整个信息加工系统仅由视网膜和视顶盖组成，所以人们往往把它作为研究对象。

实验者用外科手术将蛙眼通往脑子的视神经暴露出来，分离出其中一根神经纤维。将比头发还细的微电极插在上面，用导线把微电极与示波器和扬声器连接起来，使得沿神经传导的电信号不仅可以"看见"，而且可以"听到"。

在进行实验时，把一个小的黑色立方体置于屏上（图32）。此时，扬声器缄默无声，示波器荧光屏上也没有信号出现。甚至当借助磁铁使立方体

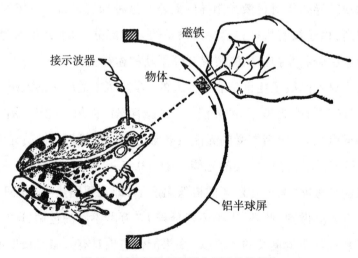

图32　蛙凝视着凹形屏上运动着的物体

沿屏移动时,蛙也没有反应。当立方体代之以小圆形体时,它同样表现出漠不关心的样子。但当圆形体刚开始沿屏移动时,蛙就对其跟踪不舍。此时,扬声器获得一系列脉冲,发出一阵阵"普特特—普特特"的声响;示波器屏上也有信号出现。甚至换上微呈圆形轮廓的极小物体沿屏移动时,神经纤维也发放脉冲。物体越圆,蛙眼所起的反应也越大。此外,物体的急速和突然的运动,较之沿屏平稳和均匀的运动,能在视神经中激起更多的脉冲。

对于青蛙来说,"前端圆圆的、快速移动着的物体"意味着什么呢?答案只有一个:"昆虫!"而什么样的昆虫最理想呢?当然是苍蝇——青蛙喜欢吃的食物。因此,研究者们将这类视神经纤维恰如其分地叫作"昆虫检测器"。这个称呼是毫不夸张的。要知道,青蛙只有在昆虫运动的情况下才袭击它们。苍蝇即使与青蛙并排待着,也绝不会引起青蛙的注意。但是,只要苍蝇一动弹,就有立即陷入蛙腹之险。所以,蛙即使蹲在死蝇堆里,也有饿死的可能。

研究者们发现蛙眼有四类视神经纤维,即四种检测器,它们分别辨认、抽取输入视网膜图像的四种特征中的一种。

在蛙的实际生活中,这四种检测器是同时工作的。每种检测器都把自己抽取的图像特征传送到蛙脑中的视觉中枢——视顶盖。在视顶盖,视神经细胞按由上而下的顺序分成四层:反差变化检测器神经元终止于上层,它抽取图像的暗前缘和后缘;其次是运动凸边检测器,它检测向视野中心运动的暗凸边;再次是抽取静止和运动图像边缘的边缘检测器;最下层是抽取运动图像暗前缘的变暗检测器神经元的终止处。每层里都产生图像的一种特征,四层里的特征叠加在一起,结果就得到了青蛙所看见的综合图像(图33)。这好比画人脸一样:先草绘头的轮廓,再画眼睛、鼻、耳、嘴和头发,然后涂颜色,再衬以光线,使像具有立体感。如果将这些步骤分开来作,每一步画在一张透明纸上,再把4张纸重叠在一起,即得到最后的人脸像。

037

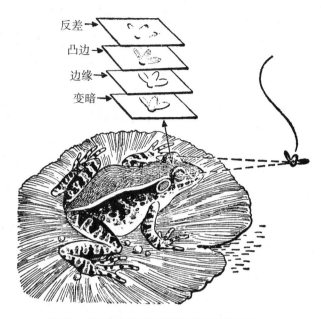

图33　青蛙视觉系统抽取图像的四种特征

　　根据上述研究,人们设计了蛙眼的电子模型。最简单的是"昆虫检测器"模型(图34),它用电子线路演示了蛙眼对苍蝇大小的物体所发生的反应。这个模型由7个光电管和1个人造神经元组成:外周6个光电管为人造神经元提供兴奋输入,中心光电管则提供抑制输入。它们有独特的连接方式,当所有光电管被均匀照亮时,可使人造神经元的输出为零。由于这种连接方式,如果一个小圆盘(苍蝇)向光电管阵列(蛙眼)运动,当其阴影遮住1个外周光电管时,人造神经元的总输入为负,即受抑

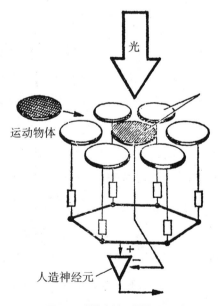

图34　"昆虫检测器"的示意图

制,故无反应(蛙不动),等到小圆盘运动到中央位置,由于它的大小只能挡住中心光电管,光电信号的总和为正,人造神经元便兴奋——青蛙蹦向目标。这样的装置可用在保证对准中心的线路里。在这种情况下,只有当中心对准——遮住中心光电管时,系统的输出才达到最大值。

根据在青蛙视网膜上发现的四种图像特征抽取过程,人们还设计了模拟青蛙视觉系统许多定性和定量性质的蛙眼电子模型(图35)。这个模型包括七层,均做成矩阵形式。每一层都完成一定的逻辑功能。被观察的物体垂直于矩阵平面出示。前六层进行信息加工的情况,和蛙眼视网膜类似。第七层包括输出指示器。为便于检查,每个矩阵都可以从总框架中随便抽出或插入。前四层之间的联系,是借助排列在前层后面的氖灯,和安装在后层前面的光电管实现的。也就是说,模型中大多数"突触"连接是借助光通量完成的。第五层的输入信号从第二层得到,第六层是利用第一层面板上的专门感受器获得它所需要的信息的。

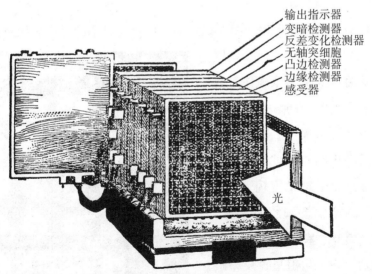

输出指示器
变暗检测器
反差变化检测器
无轴突细胞
凸边检测器
边缘检测器
感受器

光

图35 电子蛙眼的机械构造

这个模型像蛙眼视网膜那样包括四种检测器,抽取图像的四种主要特征。这种电子蛙眼很复杂,工作时共完成4580次运算,需要3.2万个电路元件,其中包括3793个光电管和2652个氖灯。2000多对氖灯—光电管提供了各信息加工层之间的"光连接"。整个模型体积达1.8立方米,这与青蛙眼相比,真可谓"眼若铜钟"了。如果不是为了实验方便,也可以把它造得像青蛙本身那样大小。电子蛙眼可以像真正的蛙眼那样工作:从出示给它的许多非苍蝇形状的物体当中,识别出苍蝇形状的物体。

这类图像识别能力是雷达所需要的。因为雷达的功能不仅是显示出向我们飞来的导弹群,更重要的是根据导弹的飞行特性把真假导弹区分开来,以便我们截击真正的导弹而不是与之同来的诱饵。同时,偶然的干扰会使雷达屏上的图景复杂化,因为这些干扰看起来和目标一模一样,只有经过一段时间观察才能分清它们。显然,雷达手面临的任务和蛙眼相似。青蛙在捕食虫子时,首先要把飞行着的小昆虫,例如苍蝇,和所有其余的东西,特别是和稳定的背景区分开。此外,青蛙还要获得关于昆虫在某个时刻的位置、运动方向和速度的信息,并选择这样一个时刻:昆虫近在咫尺,它只要一伸舌头就能吃着。

模拟蛙眼工作原理的图像识别机可以大显身手的另一个场所是飞机场。在这里,它变成了机场调度员眼睛的延伸:监视飞机飞行情况,班机是否按时到达,哪里可能出现飞机碰撞等。这样的电子蛙眼已开始应用,它能监视起飞和降落的飞机,若发现飞机将要发生碰撞时能及时发出警报。在这个模型的基础上,人们又研制成功一种人造卫星自反差跟踪系统。这真是:青蛙跟踪空中的飞蝇,电子蛙眼跟踪天上的卫星(图36)。

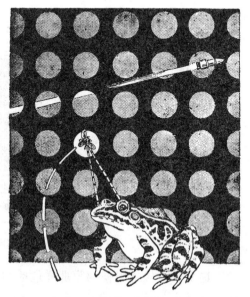

图36 电子蛙眼跟踪卫星

模拟蛙眼的自动机比电子计算机优越得多。计算机只"懂"得自己特有的语言，这样，输给计算机的信息首先必须译成机器语言，再以穿孔带或磁带形式送给机器。因此，尽管机器本身的工作速度很快，但整个工作过程相对说来是慢的，而且容易出现错误。与此相反，蛙眼自动机利用的是视觉信息，送给它的信息不需要译成特殊语言，也不需要穿孔带或磁带，它几乎立即就能进行信息加工。所以，电子蛙眼不同于数字和模拟计算机，能立即接收图像，直接进行工作，并找出其中的意义——实现图像识别。

鲨眼电视机

电视是借助无线电波远距离传递图像的通信系统。当你坐在电视机屏前，喜看祖国莺歌燕舞，欣睹五洲风雷激荡；透视金星面纱，窥探深海秘密的时候，一定会感到电视的确是人类的一大发明。

1873年硒的光电现象发现后，便出现了各种各样用硒片作"视网膜"的"电眼"设计。但不久人们就发现，硒片只能"感觉"所接收光的总量，而无法"看"清前面是人还是房子。于是，人们转而研究人眼结构和视觉过程，并据此设计出第一批像样的"电眼"。如用光电管阵列，模仿由视杆和视锥细胞构成的人眼视网膜，用透镜代替晶状体，把金属导线当作视神经，而脑——图像接收器则是小灯泡阵列。这样，就把整幅图像分成许多小部分——

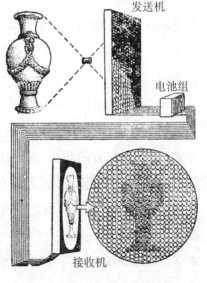

图37 第一套"电视"设计图

像素传递到接收端了（图37）。但这种设计需要许多硒光电管、灯泡和导线，笨重而无实用价值。1884年，一种叫作尼普科夫盘的装置问世了。这盘上沿螺旋线排列开了一些小方孔，盘转动时就把整幅图像分成小孔数那么多行像素，一个光电管、一对导线就能把图像传递出去，这就使"电眼"变成了有实用价值的机械电视系统。今天的电子电视便是在此基础上发展起来的。目前，电视的每个画面分成625行，共50多万个像素（点）组成。不难看出，电视中最重要的原理，即把图像划分（扫描）成像素传递，是与对人眼的研究分不开的。

说来也巧，自然界里另有一种活的"摄影机"。水里生活着一种小动物，叫作双桨剑水蚤，连头带尾只有针尖那么大。它浑身透明，在显微镜下"五脏六腑"一目了然。它的眼睛既不像人眼，也不似昆虫复眼，而是得天独厚，别具一格：每只眼有两个透镜，前透镜把周围物体成像在小动物"肚"里，后透镜及其附属的光感受器在这个像的平面上往复扫描，把物象变成光暗点子的时间序列，通过单一的视神经传送给脑，真是活像一架单通道的机械摄影机（图38）。

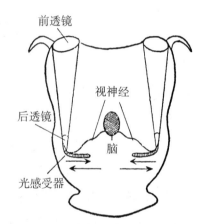

图38　双桨剑水蚤的机械电视眼

不久前，在研究鲎——一种海洋节肢动物时，人们发现它的眼睛有一个宝贵的性质，对电视的研制颇有启发。在我国东南沿海，北自浙江省的宁波，南至广东省的汕头，都有这种动物，叫作中国鲎（图39）。它们在浅海里游泳，在海底爬行，或埋没在泥沙里。它的形态像蟹类，但却同蜘蛛和蝎子是近亲。这种动物是自然界真正的奇迹，早在4亿多年前，在硕大无比的恐龙尚未崛起，古代海洋中的首批鱼类还没出现之前，它就已经存在了。但尽管漫长的岁月流逝，鲎在进化上的变化却不大，故有"活化石"之称。

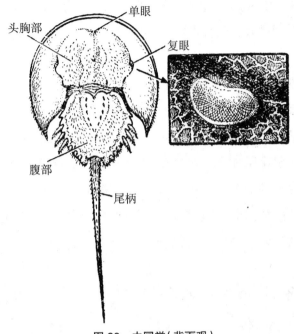

图 39　中国鲎（背面观）

鲎有四只眼睛。前面的两只小眼，直径只有 0.5 毫米左右，但都有自己的晶状体和视网膜，视网膜中有 50~80 个感光细胞。它们对近紫外辐射最敏感，但在刺激停止后，小眼的反应很快降为 0。因此，人们认为这种小眼是感受紫外线突然增多的感受器。对鲎的行为影响最大的是它两侧的复眼。鲎的复眼很像昆虫的复眼，但其中只包括 1000 个小眼。鲎眼的构造如图 40 所示。每个感光细胞都有自己的透镜，将投射其上的光聚焦。有神经末梢通到这些感光细胞上，在这里，光能转变为产生脉冲的

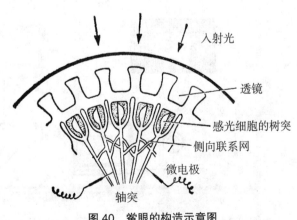

图 40　鲎眼的构造示意图

电化学能。脉冲沿轴突传递给脑作最后的加工。为了研究鲨眼的功能,把两个微电极分别插入它的视神经,这样我们就能观察两个邻近的小眼发出的脉冲。

当选择性地光照单个小眼(图41)时会发生什么现象呢?如果用一束光照射与神经纤维 A 联系的小眼,只有在这根纤维中才产生脉冲,而没得到光刺激的邻近小眼 B 不产生任何信号。如果光束只照小眼 B,情况正好相反。同时照射小眼 A 和 B,则在纤维 A 和 B 上都能记录到脉冲,但它们的脉冲频率比单独照射每个小眼时低。这说明一个细胞得到的光量提高了邻近细胞的感觉阈值,使它受到了一定的抑制。实际上这是通过细小的侧向联系网发生的,这样的抑制作用就叫侧抑制。

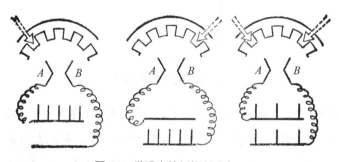

图 41　鲨眼中的侧抑制现象
上—用光束照射小眼　　　下—相应的神经信号

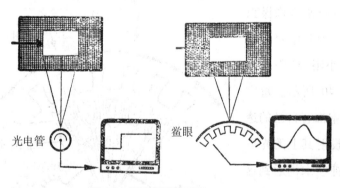

图 42　侧抑制增强反差

侧抑制的意义何在?从图42可看出,它的作用是加强反差。如果在人造检测器——光电管和鲨眼前移动同一个有清晰边缘的物体,则光电管的输出信号与刺激成正比,而鲨眼的信号能增强好几倍。这再次证明感觉信息的重要作用;绝对均匀照亮的表面不含任何信息,只有外界环境的变化才引起反应。由于增强反差,侧抑制作用就使鲨更好地感觉这些变化。

鲨使用这种略去细节而突出边框的办法增大目标的清晰度,已有4亿年的历史了,而画家们利用反差效应赋予色彩以鲜明性,或使之柔和,或改变它们的外观色调,特别是增强线条和轮廓,才仅仅开始于100多年前。

现在我们来看一下,在典型的水下环境中鲨眼是怎样完成自己的功能的。设想一只鲨,在太阳照耀的水面背景上看到一尾鱼的黑影。明亮的阳光穿射到水里,照射到鲨复眼的许多小眼上。同时,其他许多小眼则记录到鱼影反射回来的微弱光线。结果,鱼的轮廓突出在最大照度对比的区域。正是在这个区域,从视神经发往脑的脉冲频率上出现最大的差别:亮光照射的小眼发放的脉冲频繁,由于侧抑制作用,照度较暗的小眼的神经纤维发放的脉冲更为稀疏。于是,鲨脑就获得了清晰的鱼体轮廓。

人们模仿鲨眼视神经之间的相互抑制作用,研制成功一种电子模型,它是一台专门的模拟机,能解10个元素构成的网络方程。如果把某个本来很模糊的图像(X光照片、航空照片、月亮的照片等)展示给这台模型,图像就好像被聚焦了,边缘轮廓显得格外鲜明。应用这个原理制成的摄影机,能在微弱的光线下提供清晰度较高的电视影像。同样,也可以用这样的方法来提高雷达的显示灵敏度。类似的电子系统也可使红外探测器或其他仪器所得图像的边缘或其他细节得以加强。如果给照相机镜头配上具有鲨眼功能的附件,那么得到的航空照片就不会灰蒙蒙的,而月亮和火星的照片也可能像地上景物那样清晰可辨。

必须指出,在鲨眼里发现的侧抑制规律是普遍存在的。猫眼中也有同样的现象。用点光源照射猫眼视网膜时,只有光照一定区域(感受域)才能在一根神经纤维中引起一系列脉冲。如图43所示,这些信号不是均匀的,其形状与光照在感受域哪一部分有关。当光照在感受域中央A点时,神经纤维马上出现一系列脉冲。由于适应,信号逐渐减弱,若刺激物不发生变化,信号最终会消失。撤光时则没有反应。反之,在刺激感受域外周 B 点时,给光没有信号,而撤光则产生一系列脉冲。也由于适应,在黑暗中信号迅速降为 0。如果同时在 A 和 B 点给光,A 点的脉冲频率减小;而于撤光时 B 点的频率也减小了。显然,这里发生了相互抑制作用。由于信号的出现与光照感受域那一部分——中央(A)还是外周(B)——有关,故可得出结论:增强反差的功能不仅与在猫视野里运动的物体的位置有关,而且也取决于它的速度。

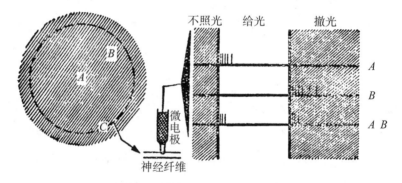

图 43　猫眼视网膜中的侧抑制
左为部分视网膜示意图,用点光源刺激感受域中央(A)及其外周(B),
C 为虚线示感受域边缘,右为纤维中的神经信号

这对设计只对运动物体有反应的机器非常重要。我们知道,探测飞机的雷达往往被建筑、树等反射的信号干扰。但飞机与它们不同的是,它在运动中。正是运动,才使雷达手把飞机分辨出来,并引导它到着陆地带。如果用简单方法让不动目标从雷达屏上消失,那工作起来该多么方便!

鸽眼雷达

鸽翔千里,蜂鸟悬空,河乌潜行,鸟类的生活方式要求它们的感觉器官小巧、灵敏。蜂鸟的眼睛虽小（整个鸟也只有 1.8~8 克），但却具有完善的光学系统的一切优点，迄今技术中尚无相应的模仿品。河乌和隼的眼睛的分辨本领也是很高的。在这方面，鸟类超过了其他动物。

鸽子也有一双神目，它能在人眼不及的距离上发现飞翔的鹰，并能区分吃腐肉的兀鹰和食活物的鹰。这种"一夫一妻制"的鸟，能从几百只鸽子中认出自己的配偶。在长期离巢后，一旦返回故居，它能从许多鸟巢中认出自己的巢。如果已年久失修，它还会找来适当的材料进行修理。

鸽子的眼神如此敏锐，怪不得一家制药厂特地委派它当"检验员"呢！他们把鸽笼放在传送带旁，让小药盒依次通过鸽眼前，每当鸽子啄击包装不合格的药盒时，都给予食物以资"奖励"。这样训练几天后，再把鸽子放在传送带旁边，它便迅速地把废品挑拣出来，甚至连很小的包装缺陷也不放过（图 44）。

图 44　鸽子"检验员"

鸽眼的视神经是由上百万根视神经纤维组成的。把微电极插入各个视神经纤维，用各种光学图形刺激鸽眼，并观察其反应，就会发现鸽眼视网膜能完成复杂的特殊功能，检测出图像的基本元素（点、边、角）、运动、强度和颜色等。实验表明，鸽视网膜有 6 类功能专一的神经节细胞，按获得最大反应的视觉刺激分类，它们叫作亮度检测器、普通边检测器、凸边检测器、方向边检测器、垂直边检测器和水平边检测器。

在鸽眼视网膜上，对于按特殊方向运动的物体边缘发生反应的区域，叫作方向边检测器的感受域，其直径约55~110微米。从图45可看出，在这样的感受域上，暗边(A)或亮边(B)向下运动会引起神经节细胞的反应，

这说明这种检测器与物体的反差方向无关，刺激物边缘一旦通过感受域中心(D)，则将比通过其外周(C、E)产生更大的反应，这就表明感受域外周兴奋性较低。如果暗边自下而上通过感受域，方向边检测器便"视而不见"(F)。实验揭示了，这种神经节细胞的反应与环境光强度、物体颜色无关，而只依赖于边缘的运动方向。

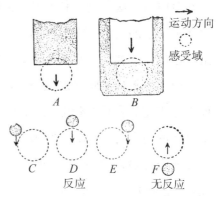

图45　方向边检测器的生理反应

据此，人们提出了方向边检测器的神经元连接模型。在图46的双极细胞感受域模型中，中央的光感受器为其提供兴奋输入，外周的光感受器则通过水平细胞对其施加抑制作用。这些光感受器的模拟输出电压与光强度的对数成正比。方向边检测器（图47）的运算是这样的：假定一个暗点自左向右运动，联合无轴突细胞AA被左端双极细胞B兴奋，其输出便抑制神经节细胞感受域中央区的普通无轴突细胞A，当中央区双极细胞兴奋时，与其相连的普通无轴突细胞就不能受激发而对神经节细胞G施加抑制，因而神经节细胞有反应。如果暗点反向运动，中央区的普通无轴突细胞没有受到预先的抑制，故在双极细胞兴奋时，它们则显示较强的抑制作用，致使神经节细胞无反应。

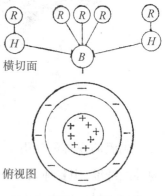

图46　双极细胞的感受域
R 光感受器　　H 水平细胞
B 双极细胞　　＋兴奋连接
－抑制连接

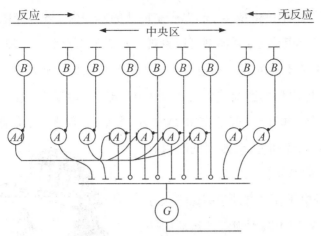

图 47 方向边神经节细胞的横切面

鸽眼电子模型是模仿它视网膜中的视锥细胞、双极细胞和神经节细胞等制成的。模型有一组光电二极管组成的感受域，后面有发射极输出器，能把光信号变成直流电信号，并将这些信号传递给后面的双极细胞。视锥细胞和双极细胞及后者与神经节细胞之间的联系是以随机方式做在装置架的面板上的。模仿视网膜神经元的基本线路是一种人造神经元。若把这种线路的抑制输入增至 5 个，即可模拟水平细胞和无轴突细胞，这两种神经元是给视网膜其他细胞提供侧向联系的。把人造神经元的电路略加改变，便可设计出模仿双极细胞和神经节细胞的电子线路。

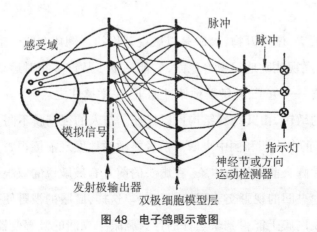

图 48 电子鸽眼示意图

电子鸽眼如图48所示。起先研制成功的模型由145个光电元件和50个人造神经元组成。这种模型可以发现运动着的斑点和一定取向的边缘，但还发现不了不动的斑点和边缘。为了研制检测单方向运动的物体的指示器，人们把模型的感受域扩大到200个光电管，神经"细胞"增加到175个（双极细胞150个，神经节细胞25个）。当然，它跟真实的鸽眼相比，还是瞠乎其后。要知道，鸽眼视网膜内有100多万个神经元！

鸽眼的电子模型有助于图像辨认方面的研究。利用鸽眼发现定向运动的性质，可以装备一种警戒雷达，布置在国境线上或机场边缘，它只"监视"飞进来的飞机或导弹，而对飞出去的却"视而不见"（图49）。此外，电子鸽眼还可应用于电子计算机系统，使计算机自动消去对解题无关的所有数据。

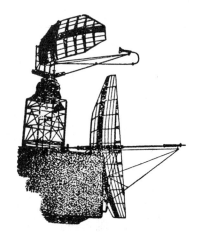

图49　电子鸽眼制成的警戒雷达

电光鹰眼

鹰击长空，俯察万物，鹰眼是以敏锐著称的。翱翔在两三千米高空的雄鹰，两眼虎视眈眈地扫视着地面，它能一下子从许多相对运动着的景物中发现食物——兔子，并敏捷地俯冲而下，一举擒获之。

鹰眼的敏锐，由其特殊结构得以保证。与人的视网膜不同，鹰眼有两个中央凹：正中央凹和侧中央凹。前者能敏锐地发现前侧视野里的物体；后者则接收鹰头前面的物体象。在鹰头的前方有最敏锐的双眼视觉区，系由两个侧中央凹的视野交盖而成（图50）。这样，鹰眼的视野便近似球形，在大部分视网膜上能得到聚焦好的像。鹰眼中央凹的光感受器——视锥细胞的密度高达每平方毫米 100 万个左右,而人眼只有 14.7 万。由于动物眼视网膜的分辨率在理论分析上,正比于光感受器密度的平方根,所以鹰眼约比人眼敏锐 1~2 倍。鹰眼的瞳孔也很大,约相当于暗适应时的人眼;观察物体最清楚时,鹰眼的瞳孔直径为人眼瞳孔直径(3 毫米)的 2 倍左右。在一定范围内,瞳孔越大,分辨率越高,从这一点来说鹰眼也要比人眼灵敏。同时鹰也和别的鸟一样,眼内有梳状突起,它是从视神经进入点突入眼后室的特殊折叠结构。其功能可能是减弱眼内的散射光,使视像清晰,或起滤光器的作用,以减低光感受器接收的光强,使得在不缩小瞳孔直径的情况下,既不晃眼又能达到高的灵敏度。此外,鹰眼还具有对运动目标敏感、调节迅速等特点,其滤色系统也有助于识别目标。

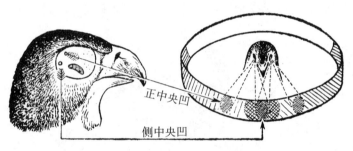

正中央凹

侧中央凹

图 50　鹰眼的中央凹及其视觉

　　显然,如果我们能制造出具有"鹰眼"系统的导弹,那么把它发射到疑有打击目标的区域上空,它就能像鹰那样自己寻找目标并加以识别(例如飞机或坦克),同时自动跟踪直至攻击成功。

　　有经验的强击机飞行员都有这样的体会,即迅速而准确地发现和识别地面目标,是实现空对地攻击成功的一个较重要的因素。但是,飞行员单凭眼睛来发现和识别目标,往往受到其视野和视敏度的限制。例如,飞机在 6 千米高空作水平飞行时,驾驶员只能看到两侧八九千米,和前方一二十千米的地面,即使在这个区域里也还是不容易发现和识别目标。

　　人们常常形象地把雷达称作"千里眼",其实它不能像人眼那样进行观察。虽然有的雷达也能显示照片似的图像,但由于无线电波的反射与可见光波不同,因而所得"照片"就不那么逼真,使人仍看不清目标的轮廓。这样,要在空中发现地上的卡车,分清它是军车、坏车或诱饵,光用雷达就不大容易办到了。

现代电子光学技术的发展,使我们有可能研制一种类似鹰眼的系统,为飞行员提供一种地面视野不受限制、视敏度很高的电子光学观测装置。这种装置,实际上是一种带望远镜的摄像机系统。目标的光学像被放大后,由摄像管接收,它把图像变成电信号,并将其传送到驾驶舱,由电视屏把目标的象显示给飞行员(图51)。飞行员能像用眼睛看东西那样使用"鹰眼"系统:用低分辨率、宽视野的系统(模拟鹰眼视网膜外周)搜索目标;仔细观察已发现的目标时,则用高分辨率、窄视野的系统(模拟鹰眼视网膜的中央凹)。如果能做成类似的红外系统,还可用来进行夜间空袭。

图 51 人造鹰眼系统把地面目标显示给飞行员

这种系统除能使飞行员迅速而准确地发现和识别地面目标外,也能控制发射远射程的电子光学或激光制导的武器。此外,"电光鹰眼"得到的图像还可以保存在录像带上,以备其后直接显示在电视屏上;或把观察到的情况直接发往地面接收站,使指挥机关及时了解侦察到的情况。

虫眼速度计

夏天,螳螂"穿着绿色伪装服",前足举在胸前,悄悄地隐蔽在树荫草丛之中,仿佛在"祈祷"似的。然而,一有小虫出现,它就凶相毕露,前足猛然一击,将昆虫一举捕获(图52)。它动作非常迅速,整个过程只有 0.05 秒钟。在这一瞬间,小昆虫还没来得及了解眼前的情景,就蓦

图52　螳螂捕食昆虫

地葬入了螳螂之腹。螳螂这样的发现和瞄准系统,使人造的上吨重的跟踪系统也为之相形见绌。

螳螂有两种器官把关于小虫子的大小,飞行方向和速度的消息报告给脑子,这就是复眼和本体感受器。螳螂头侧有两个很大的复眼,它不单是视觉器官,还是特别的速度计。位于颈部的所谓本体感受器,是两个由数百根弹性纤维组成的感受垫。若是螳螂跟踪飞虫时把头转向右边,则右感

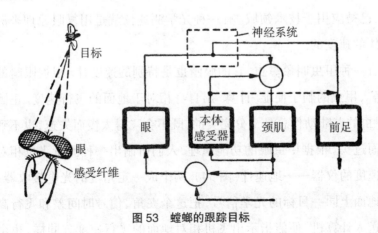

图53　螳螂的跟踪目标

受垫的纤维被压弯。头的旋转角度越大,被压弯的弹性纤维越多。由于这些纤维具有弹性,因而左感受垫里便有相应数目的纤维伸直了。纤维的弯曲刺激位于它们基部的感受细胞,从这些器官传向脑子的左和右神经兴奋的差别,便是头旋转角度的量度(图53)。

蜻蜓、蜜蜂和苍蝇等许多昆虫都具有复眼。复眼一般含有几十到几千个视觉单位,即小眼。这些"睽睽众目"构成蜂窝状的复眼,它们的中心轴互成1°~3°的角度,一起构成了半球状的视野。昆虫的复眼虽然在空间分辨率方面比不上人眼,但它们却具有很高的时间分辨率,甚至还是特别的速度计哩!

蜻蜓飞舞空中,花簇草茵在眼下急速地移动,但它看到的却只是单个镜头,而不是景物的连续运动。因为它看运动的物体,是从一个小眼到另一个小眼,好像物体运动速度减慢了。电影片是由许多单个镜头构成的,如果每秒放映出25幅画面,我们就感觉是连续动作了,但要有复眼的昆虫感到是连续动作,每秒钟要映出几百个镜头才行。复眼的时间分辨本领是很高的:物体摆在眼前0.05秒人才能看清轮廓,而苍蝇或蜜蜂只要0.01秒就够了。因此,对人来说只不过是一晃而过的运动物体,而蝇子则可能已辨别出其形状和大小了。

昆虫复眼把运动物体分成连续的单个镜头,并由各个小眼轮流感觉的原理,已被应用于技术领域。有一种光学测速仪就是用复眼原理来测量运动物体的速度的。

有一种甲虫叫象鼻虫,它的眼睛也是特别的速度计。根据眼睛的测量"数据",甲虫的脑子便能"计算"出自身相对于地面的飞行速度。正因为这样,甲虫的着陆动作总是十分完美的,既不会飞得太慢而失速,也不致飞得太快而过头。根据甲虫眼的功能原理,人们研制出一种测量飞机相对地面飞行速度的仪器——地速计(图54)。两个成一定角度的光电接收器,顺序接收地面上同一目标的光学信号,把这个夹角、信号时间差和飞行高度等数据送入计算机,便能指示出飞机相对地面的飞行速度。同样,也可用以测量火箭攻击各种目标的相对速度。

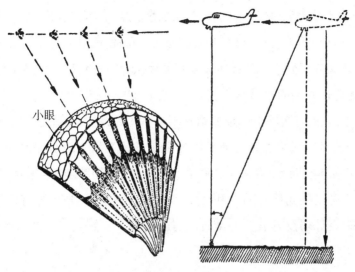

图 54 模仿象鼻虫复眼（左）的飞机对地速度计（右）

有人通过苍蝇的复眼照相，一次拍得几千张重复的照片。现已模仿蝇眼制成一种新的照相机——"蝇眼"照相机，其镜头由1329块小透镜黏合而成，一次可拍摄1329张照片，分辨率达4000条线/厘米。这种照相机可以用来大量复制电子计算机精细的显微电路。

人们在制造立体电视显示系统时，往往采用大量的圆柱形透镜，并排地垂直于电视屏。这种显示系统很不理想，人站在旁边看时就不是立体的了。为了消除这种缺点，有人制造了一种很像蝇眼的复合透镜阵列。在发射端有三组这样的透镜。通过前两个透镜阵，形成景物的正实像，它不因观察角度不同而改变。这个像经过第三个透镜阵，在摄像管光敏板上形成一个立体的倒实像，由摄像管把光学像变成电信号，再以通常的方式加工和发射出去。在接收端，电视屏前也有一个透镜阵，通过它人们将看到景物的三维虚像，这个立体像也不因观察角度不同而变化。

有些昆虫的眼睛不仅能感受可见光，而且能感受我们人眼看不见的光线。现已查明，蜜蜂、蝇类、蚂蚁和蝴蝶等都可以清楚地看见紫外线。许多夜间活动的昆虫还能发射"紫外雷达"来探索周围环境。最近，在昆虫的眼中发现了对紫外光敏感的视色素,这更进一步证明了昆虫能看见紫外线。实践表明,紫外线对一些昆虫有很大的诱惑力。我国广大农民用"黑光灯"(发出紫外光)诱杀害虫,已收到显著成效。同时,因为人看不见紫外线,热敏元件又探查不到它,因而具有很好的隐蔽性,研究和模仿昆虫的"紫外眼"也就具有一定的军事意义。

此外,人们发现昆虫眼睛的角膜不是平滑的,上面覆盖着大量高约0.25微米的小结节。而大多数的光学仪器由于透镜光滑表面对光的反射,效率受到一定影响。因此,看来昆虫眼表面比光学仪器用的特殊覆盖层更为有效。揭示昆虫眼角膜的结构和功能,可为人造透镜制造出更好的覆盖层,也可作为设计弱反射表面的微波仪器的借鉴。

鱼的瞄准仪

你站在鱼缸旁,刚点着香烟要抽几口,却嘶的一声被飞来的水滴所击灭。原来,这是射水鱼造成的"误伤"。这种鱼在水里游来游去,但两眼却窥视着天空。它一旦发现了空中目标,便迅速确定身体的位置和姿势,并对光线折射造成的目标位置变化进行复杂的校正,用嘴——水机枪对准目标,一股水射去,能将四五米开外几毫米大小的飞虫一举击落而食之(图55)。令人惊奇的是,它的射击目标和距离的比例竟相当于高射炮打飞机,而且能"弹无虚发"。

普通的鱼也都是优秀的"瞄准手"。它

图55 射水鱼在"射击"

们有良好的水下视觉，甚至能把浮动的沙粒与作为美味的小虫区别开来。不管是怡然不动，还是倏尔远逝，鱼的两眼总在"搜索"着周围空间。一旦有食物进入鱼的视野，它便冲上去一口——食物顷刻间已成腹中之物了。所有这一切都发生在一眨眼的工夫。如果用快拍慢放的电影把这个过程延长到几十秒钟，就会清楚地看到鱼眼首先"跳动"（眼睛的快速运动）着瞄向目标，稍待片刻胸鳍和腹鳍开始摆动，身体转向目标，尾的运动使鱼以最短的途径接近目标，上下颌一咂，食物便"消形敛迹"了。在这里，视觉和运动系统的协调达到了相当完美的程度。

人们为探索这个过程的奥秘已花费了几十年时间，虽然迄今尚未真相大白，但它却已失去了神秘的光环。马克思主义哲学告诉我们，世界上绝没有不可洞悉其妙的自然过程，也没有神秘莫测的自然现象，一切事物都能被人们在实践中所认识。

现在已经知道，鱼眼视网膜神经节细胞的轴突（它们构成视神经），在视交叉后以严格的顺序终止在鱼脑视觉中枢——视顶盖的表面层。因此，视网膜上的每个区域，在视顶盖上都有确定的代表区。如果用弱电流刺激视顶盖上的一点，鳍和眼肌肉的协同收缩便使鱼瞄准的视觉空间，正好对应于视顶盖表面的刺激点，就像在与此点对应的视网膜区域出现反差物体（例如食物）影像那样。

使视觉和运动系统精巧协同动作的"指挥部"就设在脑干前部，视顶盖的下方，"指挥官"们是几十个网状细胞。这些细胞个子大，在鱼脑染色切片上，人的肉眼可见到其中的一部分。每个网状细胞与几万根次级感觉神经元连接，它们有的来自视顶盖，有的来自听觉系统，也有来自前庭器官的。通过这些"电报线"，网状细胞便得到关于鱼周围环境的详尽情报。在此基础上，网状细胞产生一定频率的电信号，并作为指令发送给动眼神经核、延脑和脊髓里的运动神经元，以使受它们支配的肌肉采取适当的动作——鱼对环境做出反应。

视网膜神经节细胞和视顶盖神经元的感受域大小有限，但网状细胞却能收集整个视野里的信息,不管视野哪一部分出现运动的反差物体,这些"全视"细胞都发生放电反应。一旦运动物体停下来,或在鱼视野里以一成不变的方式重复运动,"全视"细胞的放电反应便减弱或停止。在"喜新厌旧"方面,这些细胞很像跟踪视觉刺激和选择食物的鱼本身的行为。实际上,正是这些细胞指挥着鱼眼的瞄准反应(图56)。根据运动的反差物体在鱼眼视野的位置不同(1、2、3),某些神经节细胞兴奋,它们又使视顶盖的相应神经元动作,视顶盖不同区域的神经元再把信号传给不同的网状细胞,使它们产生或大或小的放电反应(①、②、③)。结果,这些网状细胞对动眼神经核运动神经元施加的作用有强有弱,就使得动眼肌的收缩强度有所不同。因此,物体在视野里的位置不同,鱼眼和鳍、尾的运动也不一样,但最后结果一样:要瞄准它——食物。

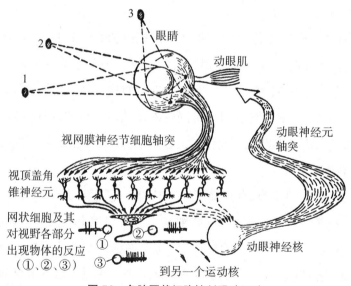

图56　鱼脑网状细胞控制眼睛运动

毫无疑问,这些研究不但对认识视觉过程和揭示脑的功能有重要意义,而且对工程技术也将有一定的参考价值。因为在宇宙考察和海洋开发活动中,人们需要的自动机最好能根据周围环境的视觉分析,独立地实现瞄准或逃避动作。

在水生动物中,海豚的眼睛也是很奇特的,它在水里和空气中竟有相同的视敏度(视觉的敏锐程度)。海豚在水里就能发现水面上空四五米高处的小物体,并能像优秀的跳高运动员那样,准确地选择起跳点,衡量弹跳力,一举跃出水面而攫取之(图57)。研究和模拟水生动物眼睛的特点,有助于改善潜水员和舰艇上用的一些观测仪器。

图 57 海豚攫取高处的小物体

蛇的热定位器

人们常常惊叹猫头鹰灵敏的视觉,因为它能在漆黑的夜晚捕捉鼠类,一夜的捕获量竟达几十只之多! 有人假定,猫头鹰看得见热。或许,它的眼睛能看见我们看不见的红外线即热线(图58)。一些人说,猫头鹰能够看见红外线。另一些人则指出,它没有这样的视觉,主要是对高频声音(8500次/秒振荡以上)特别敏感,而老鼠和其他一些小动物发出的声音恰好落在这个频率范围里。因此,猫头鹰能蓦地"潜入"表面十分平坦的深雪里,将鼠类从雪下的地洞里揪出来。

图 58　看见热线的眼睛

漆黑的深夜,万籁俱寂,但实际上自然界里却正在进行着激烈的"战斗"呢!此时此刻,老鼠不仅可能受到猫头鹰的空中突袭,而且会遭到蟒蛇的地面攻击。你看,那蛇像黑色的闪电,一口将鼠吞噬……

蛇的眼睛虽圆而亮,但炯而无神,目力不佳。它搜索和捕食鼠、鸟等小动物,或为自己寻找合适的温度环境,靠的是一种特殊的红外或热定位器。蝮蛇、响尾蛇等的热定位器生长在眼睛和鼻孔之间叫作颊窝的地方(图 59)。蟒蛇的热定位器,有的长在嘴唇

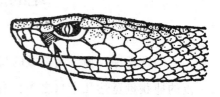

图 59　蛇的热定位器

上,叫作唇窝;有的虽然没有明显的唇窝,在唇部仍具有别种样式的热感受器。

蛇的颊窝一般深约 5 毫米,呈漏斗形,开口斜向前方。颊窝由一薄膜

将其分为内外两个小室：内室以细管与外界相通，它的进口开在定位器探测的相反方向，所以里面的温度与周围环境一样；外室是热收集器，以大的开口指向所探测的方向。两支三叉神经终止于膜上，其末梢展布成为宽广的掌状结构，并充满着一种特殊的细胞器——线粒体。薄膜像特殊的热敏元件那样起作用，只要膜两面的温度不同，神经便产生一定频率的脉冲，使蛇感知前方的热物体(图60)。同时，人们用电子显微镜已观察到，红外感受器的线粒体在热刺激后凝缩，冷刺激则使其膨大。由此假定：线粒体是基本的热感受元件。

图60　响尾蛇探测热物体

我们可以做一个实验：用箭毒将蛇麻醉，把颊窝膜的一条神经分离出来，连到测量生物电流的仪器上。用光(除红外线外)、强烈的气味物质、声音和振动刺激，或扯动颊窝膜，都不产生生物电流。但若用加热的物体甚至用手接近蛇头，仪器便记录到生物电流，这说明膜神经已处于兴奋状态。如果直接用红外线照射颊窝，膜神经即进入强烈兴奋状态。用波长0.001毫米的红外线照射时，神经的反应最弱；波长增大，神经兴奋增强。长波辐射(0.01~0.015毫米)——携带热能最多的波段则引起最大反应。

由于蛇所捕食的小动物在波长0.01毫米附近辐射热最大，所以用有0.016毫米波长输出的二氧化碳激光器刺激蛇头部(激光束由快门变成8毫秒宽的脉冲，并被红外透镜散开)，就能记录到其脑电变化(诱发电位)。

实验指出，蟒蛇在激光脉冲照射 35 毫秒后产生最大反应，而人手即使长时间受照也不感觉热。据实验计算，引起脑诱发电位的平均能量约为 8.37×10^{-5} 焦耳/平方厘米。这说明蛇的热感受器对低能长波辐射非常灵敏。此外，反应时间与可见光照眼引起脑电变化的时间差不多。如果认为蛇的感受器也像眼睛那样，色素分子吸收某些频率的光而引起光化学反应，这是不好解释的。因为视觉系统有许多突触，信号传递延迟时间长；而热感受器是单传入神经，信号直通脑子，所需要的反应时间应少得多。这就暗示：红外感受器要经过一段时间"加热"，才能兴奋。因此，人们认为蛇红外感受器是按热原理工作的，其功能完全像是能量检测器。

这种红外感受器，实际上是某些蛇的发现和导引系统，这对于它们的生存尤为重要，因而被称为"第三眼"。一些导弹也装备有类似的红外线自动导引系统，用以感受目标的红外辐射，引导导弹命中目标。

实际上，人创造的红外检测器要比蟒蛇的灵敏几十万倍。那么，研究蛇的"热眼"就完全没有意义了？这个结论下得未免有些过早。第一，蛇的热定位器尽管体积很小，但与人造仪器相比却有精确的方向性。在蛇"热眼"里，1平方毫米的感受表面就有 1000 个接受元件，比最小型化的仪器要多几百倍。第二，如果说这种定位器没有人造的灵敏，但不要忘记在它与脑神经之间没有任何放大器。有趣的是，若能揭示响尾蛇将热能转变成电化学能的全部奥秘，我们就能设计不带放大器的"蛇眼"型红外线定位器。这种定位器将比蛇的定位器有更大的优点。

为了揭示生物感受器的能量转换秘密，人们还在研究一种藻状菌。它的茎是一个大细胞，能感光，叫孢囊梗。在正常的生长条件下，孢囊梗以每小时 3 毫米的惊人速度生长；在光刺激的短期内，生长速度高达每小时 6 毫米。这种生物有透镜系统，照在孢囊梗上的光被细胞壁折射，在后壁上聚焦。背面的光子浓度大，就比前面生长得快，故朝光的方向弯曲。特别要指出的是，在很宽的范围内，背景光强对这种生物的光反应没有影响，类似人眼的适应性质。如果背景光强增大或减小，生物将以生长速度的暂时增加或减少做出反应，但随着孢囊梗对新光强的适应，生长速度的变化也减小了。在正常情况下，它是垂直向上生长的。但一遇光，它就向光弯曲。如果在暗室里放上一些这种藻状菌，就不仅能发现暗室漏光与否，而且也能知道漏光的方向。

向日葵是有明显光反应的著名的例子。它只是根据阳光，便测得太阳的方向。从日出东方到夕阳西坠，向日葵一直跟踪太阳在天空的运动。如果我们揭示了向日葵的光反应秘密，就能给航天飞船装备上更好的太阳传感器，以解决飞船在宇宙空间的正确定向问题。

第三章　检测气味的电子鼻

气味"语言"

蜜蜂的婚飞,臭虫的麕集,蚂蚁的鏖战,蚜虫的避敌,都是在特殊的气味控制下进行的。由于微量分析化学的进展,现已发现许多种动物是借助气味物质来"交谈"的,这种信息传递方式叫作化学通信。携带这种信息的物质叫作传信素,它们存在于同种或异种动物个体之间:前者叫作同种传信素,后者称为异种传信素。各种传信素的相继发现、分离和人工合成,不仅为我们揭示了动物的行为秘密,也为我们进而控制、改造生物开辟了诱人的前景。

同种传信素可分成下述几类:

吸引同种异性个体的物质——性引诱素:这种气味"语言"物质,首先被确定分子结构的是家蚕醇。经过20多年的艰苦努力,人们才从50万只雌蚕蛾中分离出12毫克纯物质,并查明了它的化学结构是10,12-十六碳二烯-1-醇(图61)。我们知道,蚕蛾的寿命很短,因此寻找配偶的办法必须非常有效。原来,它们完全依靠气味:雌蛾释放出特殊的有机物质,其分子易于在空气中迅速扩散;雄蛾根据这种物质的指示,便很容易找到雌蛾。由于气味物质的分子密度随着距离增大迅速减至微乎其微,所以雄蛾对这种物质有非常高的敏感性，几乎能感觉单个分子！可是雄蚕蛾并没有鼻子，它的嗅觉器官是头上的触角。

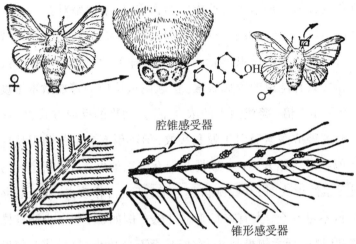

图61　家蚕性引诱素的释放和感受
雌蚕蛾释放性引诱素时，腹部有一对小圆板突出。雄蚕蛾用
触角接受这一激素（下图为触角的放大观）

舞毒蛾是一种森林害虫，它的性引诱素是经过30多年努力才搞清楚的。人们从50万只雌舞毒蛾中分离出20毫克纯性引诱素，叫作舞毒蛾性引诱素（顺式-7, 8-环氧-2-甲基十八烷）。一只雌蛾仅能分泌0.1微克性引诱素，但这个微小数量已足以诱来100万只雄蛾！有趣的是，雌蛾受精后便立即停止这种物质的分泌。因而，性引诱素告诉雄蛾的是："有性成熟而未受精的雌蛾在。"500米开外的雄蛾闻讯后，便争先恐后地向发放气味的雌蛾飞奔而来。天蚕蛾科和枯叶蛾科的雄蛾能被4千米多远的雌蛾诱来。微量的性引诱物质能传播这么大的距离，几乎只有一个气味物质分子作用于雄蛾的触角感受器，但这已足以引导雄蛾与雌蛾"约会"。由此可见，在反应的距离、精确性和敏捷方面，相对来说，蛾子触角尚在喷气式飞机雷达之上。可以设想，在研制更好的航空雷达时，蛾子触角可能会给我们一些启发。

现在发现，一些脊椎动物，例如钝吻鳄、麝等也有性引诱素。一些动物

065

的性成熟个体产生的传信素,能促进或抑制同性或异性年幼个体的性腺发育。某些种雄鱼向水里释放出甾族化合物,能促进雌鱼卵巢成熟,提前排卵;而雌鱼则释放出加速雄鱼性成熟的物质,以求偶婚对。

报警信号——警戒激素:这是引起同种动物个体警戒、逃避或主动防卫的物质,发现于群居昆虫(蚂蚁、白蚁、蜜蜂)、鱼、蟾蜍和蝌蚪等。化学本质已查明的,只有昆虫的警戒激素。引起昆虫反应的警戒激素浓度是性引诱素的 $10^{-7} \sim 10^{-10}$ 倍。警戒激素的浓度不同,动物的反应方式也不一样。例如,少量蚂蚁警戒激素吸引工蚁和兵蚁,但不引起它们的防卫反应。浓度增大时,蚂蚁纷纷钻入窝内,或携儿带女逃往他处,另建新宅。另外一些蚁,警戒激素浓度大时,众蚁则奋起自卫,甚至自相攻击,或走起路来跌跌撞撞,忙得不可开交,大有末日来临之感。例如,你用一小滴柠檬醛就能"挑动"割叶蚁进行大规模战斗,它们甚至不分敌我,每个战斗蚁发疯似的向别的蚁扑去,用锋利的颚把对方咬碎而后快。警戒激素除了报告危险外,也能完成防卫反应。例如,一种蚁在螯刺时,毒腺中的蚁酸和其他腺体分泌的警戒激素,同时一小滴一小滴地散布开来(图62)。

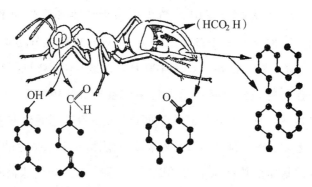

图 62　蚂蚁的警戒和防卫物质

鱼的警戒激素是在其皮肤的特殊细胞里产生的。鱼皮一受损伤,这些物质就进入水中,同种或他种鱼便做出逃避反应。蚜虫遇到危险就由吸液管分泌几滴警戒物质,附近其他蚜虫接到警报便开始撤离。

养蜂人往往遇到这样的情况,一旦挨了一只蜜蜂的螯刺,很快便会遭到群蜂的围攻。300多年前就有人发现，和螫刺一起留在人皮肤里的还有一种物质，它激怒了蜜蜂，使其奋起自卫，并起指示目标的作用。现在才知道，这种物质就是蜜蜂的警戒激素，其主要成分是具有香蕉油气味的醋酸异戊酯。这一奥秘的揭示，将使我们有可能培育出不螫人的蜜蜂品种来。

有些动物还能用特殊的气味物质进行"圈地"，借以警告它的"伙伴"，有我在此，你须回避。这样，便在一定程度上减少了同种雄性动物间发生激烈对抗的可能性，促使动物在一定范围内分布比较均匀，雌性动物容易物色"对象"。例如，许多种鹿和羚羊在生殖季节就是这样。

示踪传信素或香味信号：动物利用这些物质作为道路指示剂，以帮助同类们寻找食物。在某些情况下，它们引导同伙前往迁居地点，或去修葺破损的巢壁。现在，化学本质已搞清楚的，只有某些昆虫——蜜蜂、丸花蜂、甲虫和白蚁的示踪激素。在奇异的昆虫世界，爬行和飞行的昆虫作香味信号的方式也各不相同。例如，火蚁用螫刺在地面上涂抹出连续的气味痕迹，好像用笔在纸上画了线条似的。如果食物很好，其他工蚁则来加强这种痕迹，以致形成几厘米宽的"气味走廊"。这种气味可以维持1.5~2分钟，其间蚂蚁可爬行40厘米。有的蚁类的这种路标可以维持好几天。生活在沙漠里的蚁类则把示踪激素释放在周围空气中。没有风时，气味能在灼热的大地上空维持相当长久。飞行的昆虫则是把香味信号涂抹在沿途的物体上。有一种蜂没有"舞蹈语言"，领队蜂便用尾刺在草、树木、石头和其他物体上涂抹香味记号，作为其他蜂的飞行定向标。

群居昆虫的行为调节剂：为说明这类传信素起见，让我们来研究一下蚂蚁的"家庭"吧！在蚂蚁家庭中，蚁后负责产卵繁殖后代，但不能自食其力，需要工蚁来饲养。蚁后释放出特殊的物质，招引饲养它的工蚁。卵和幼虫也需要别的蚁来喂养，所以它们也分泌吸引工蚁的物质。此外，幼虫的发育需要一定的温度和湿度。在直接光照或低湿度的情况下，它们停止分泌传信素，工蚁便把它们搬运到较暗和潮湿的地方。由此看来，蚂蚁"家庭"之所以有条不紊，是因为有行为调节激素在起作用的缘故。

很多植物的生活是与传粉昆虫有密切关系的。植物往往以其鲜艳的花色来吸引昆虫,但是它诱惑昆虫主要是依靠馥郁的花香。植物和昆虫用什么"语言""交谈"呢?原来,构成植物香精油成分的那些物质,是昆虫的香味信号。例如,玫瑰中的天葵醇是蜜蜂的香味信号;蒎烯是树脂的主要成分,而它的衍生物却是小蠹虫的食物信号。蚕之所以爱吃桑叶,因为桑叶中含有的柠檬醛、己烯醇、β-叶甾醇和异栎素等是蚕的美味信号。蚕吃加有这些物质的人工饲料,犹如吃桑叶一样,津津有味。这就为工业化养蚕开辟了道路。

有趣的是,某些动物捕食另一些动物时,也是按照食物的气味进行的。有人研究了两种蟹和螯虾步行足的化学感受器对各种物质的敏感性。实验表明,这些化学感受器对普通的氨基酸、尿素和组胺不发生反应;与谷氨酸和谷酰胺也只是偶然引起反应;只有三甲胺的氧化物和三甲铵乙内酯才引起固定的反应。

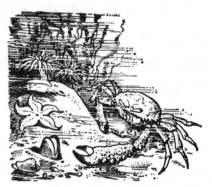

图63 根据气味语言觅食

值得注意的是,这些能引起蟹和螯虾化学感受器反应的物质,正好发现于它们的普通食物——海鱼、甲壳类、头足类等动物中。看来,蟹和螯虾能在它们的眼睛看不见的距离内,根据气味发现自己的美味品(图63)。

由此可知,传信素的实际应用将是非常诱人的。近来有越来越多的资料表明,应用各种杀虫剂有一定的危险性:它们会造成环境污染,在动物和人体内积聚,引起新陈代谢某种程度的破坏;另一方面,会产生对杀虫剂有抗性的昆虫亚种,使药物效率降低。而应用传信素却只消灭确定种类的昆虫,而于其他生物特别是益虫无一弊害(图64)。例如,把舞毒蛾的性引诱素放在涂有虫胶的捕集器上,便能大量地诱杀雄舞毒蛾。在确定了舞毒蛾性引诱素的化学结构后,人工合成了更便宜更有效的类舞毒蛾性引诱素。

棉铃虫和甘蓝尺蠖的性引诱激素也已人工合成,并大量应用。1毫克棉铃虫性引诱激素与杀虫剂混合,放在250~625个捕虫器内,在15亩面积内每夜便可诱杀1万只害虫。

图64　性引诱素捕虫器

传信素方面的成果也为生物学理论方面的研究开辟了广阔的前景。人们已借助它们揭露了动物行为的许多秘密。动物的化学感受器今天已成为仿生学的研究对象,今后,人们将应用各种"气味语言"来指挥某些动物,特别是昆虫的行为。尤其引人注意的是,植物也有性引诱素。例如,异水霉能分泌一种性引诱素,并以此保证其雌雄配子的结合。

嗅觉之谜

人和动物眼观形象,耳听声音,用嗅觉器官分辨周围的化学成分。对视觉和听觉过程人们已进行了较深入的研究,但嗅觉仍然是个疑谜。

人感受物质的气味是由上鼻道的黏膜部分来实现的。这个区域只有5平方厘米大小,却含有500万个嗅觉细胞,并以其淡黄色区别于鼻腔的其余部分。嗅觉细胞具有纺锤形,它的外周突起伸入黏膜表面的黏液中,中央突起联合成许多嗅觉纤维束。几经转换,最终通往大脑的嗅觉中枢(图65)。昆虫的嗅觉器官是排列在触角和触须各个节片上的盾状和锥状感觉器。因此,昆虫的嗅觉和触角的完整性有密切的关系。例如,蜜蜂的嗅觉器官在触角的后8节上,前4节上没有(图66),只要在两个触角的16个嗅节中留下一节或半节,蜜蜂仍有嗅觉能力。鱼类的嗅觉器官是两个皱折囊,有小孔与外界相通。某些鱼类没有嗅囊,嗅神经简单地终止于皮肤上的小色素斑点区域。而海洋哺乳动物齿鲸的嗅觉器官竟是舌头!

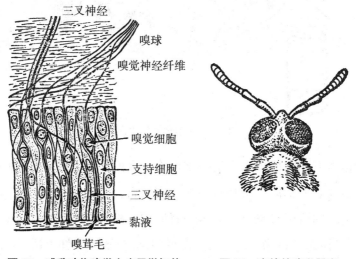

三叉神经
嗅球
嗅觉神经纤维
嗅觉细胞
支持细胞
三叉神经
黏液
嗅茸毛

图65　哺乳动物嗅觉上皮显微切片　　图66　蜜蜂的嗅觉器官

关于嗅觉的原理至今尚未搞清楚。现在已提出30多种嗅觉假说。

嗅觉的振动说假定,物质的气味来自分子内的振动。气味物质分子、原子的振动,会发射出一定频率的电磁波。有人认为,波数为每厘米500以下的振动对嗅觉最重要。不管气味物质分子的尺寸、形状如何,只要低频振动相似,就有差不多的气味。例如硝基苯、α-硝基硫茂和苯甲醛有相似的振动波数,它们都有杏仁味。这个学派认为,共有95种原始气味,其他气味都是它们的一定组合。气味分子与嗅觉细胞接触时,细胞内的嗅色素吸收气味分子发射的低频振动,发生一系列的能量转换,产生的神经脉冲便被传送给中枢神经系统,结果就产生了气味感觉。

化学说假定,嗅觉与某些化学过程有关,而这些化学过程是由气味物质的结构及其他性质确定的。有人发展了关于酶系统参与嗅觉过程的思想。他们提出,在嗅觉细胞膜中,可能发生下述顺序反应:

$$A \xrightarrow{\text{酶 a}} B \xrightarrow{\text{酶 b}} C$$

式中 A,B,C 是三种不同的物质,酶 a 和酶 b 是两种生物催化剂,箭头表示化学反应方向。在通常情况下,物质 B 的浓度很低,因为它的生成速度实际等于分解速度。如果气味物质能抑制酶 b,则物质 B 的浓度大大增加,从而产生气味感觉。

嗅觉的吸附说能解释嗅觉的极重要的性质:①嗅觉的高度灵敏性——因为吸附是浓集过程,即使空气流中有少量气味物质,也可选择性地集中于嗅觉上皮,故嗅觉极灵敏;②嗅觉器官对气味物质能瞬时感受,瞬时消除——因为吸附是动力学过程,有气味物质时即瞬时吸附,没有时即瞬时解吸。物质被吸附时可以产生许多现象,它们都可能是嗅觉感受的原因。因此,吸附说又可细分为吸附热说、表面张力说、接触电位说等。

还有人认为,一定量的气味物质分子破坏嗅觉感受细胞的脂类膜,并吸附在其表面上时产生嗅觉反应。这时,细胞内外的离子达到平衡(图 67)。膜的区域性破坏与气味物质分子的大小和构型有关。例如,大的刚性分子

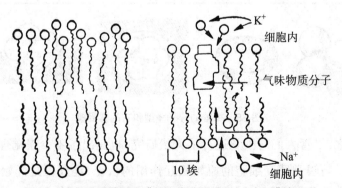

图 67　嗅觉感受器细胞膜的脂类分子排列(左)和膜被吸附的气味物质分子所破坏(右)

（β-紫罗兰酮、二甲苯、麝香）比小的柔软的分子（甲醇、乙醇）更容易破坏膜结构，因而前者具有更强烈的气味。

　　也有人根据颜色视觉是由三种基本色（红、绿、蓝）构成的；在味觉中，也有四种基本味觉成分——甜、咸、酸、苦，就推想嗅觉是否也存在几种基本气味呢？科学工作者调查了大量有机化合物，发现有七种基本气味（见表），其他气味都是由它们以不同的比例混合而成。所以，人们假定嗅觉细胞膜有七种确定形状和大小的超微裂孔或凹坑，分别对应于七种基本气味物质的分子形状和大小，以使它们能精确地嵌入其中（图68）。若是气味物质的分子和大小同时对应几个凹坑，则该物质将产生复杂气味的感觉。但是，这种学说既不能解释气味分子怎样在凹坑内产生嗅觉神经脉冲，也不能解释气味分子离开小凹坑的原因。

七种基本气味

基本气味	化学本质	气味载体举例
樟脑味	樟　　脑	驱　虫　剂
麝香味	十 五 烷 酮	当归根油
花　味	苯乙基甲基	玫　瑰　油
薄荷味	薄　荷　酮	薄荷药片
醚　味	二 氯 乙 烯	干　洗　液
辛辣味	蚁　　酸	醋
腐败味	丁　硫　醇	臭　鸡　蛋

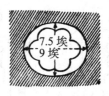

图68　樟脑的分子模型和它的感受槽

　　总之，尽管人们对嗅觉进行了大量研究，也提出了不少嗅觉理论，但对气味分子与嗅觉感受细胞的原始相互作用的认识，还仅仅是开始。辩证唯物主义认为，世界上没有不可认识之物，随着生产和科学技术的发展，人们认识的深化，嗅觉之谜一定能被揭示。

电子鼻

动物的嗅觉器官是非常灵敏的"仪器"。例如,稀释至十万亿分之一的苯乙酸钾便能把鱼吓跑。在 35×10^{11} 立方千米湖水中加入 1 克酒精,真是"沧海一粟",鳗鱼仍能嗅出酒精的气味。然而,人的鼻子也不逊色,它能辨别 4×10^{-9} 毫克/升浓度的乙硫醇。实际上,这种气味物质一接触嗅觉器官便被感觉到了。化学工作者在实验室里分析了个把月的复杂的化合物,有时用鼻子一嗅即可分辨出来。生物嗅觉器官的这种惊人的能力,已引起了研究自动分析仪的科学工作者们的注意,他们希望能模拟之,使自动分析仪器更灵敏、快速和小型化。我国研制成功的嗅敏仪就是这样的一种仪器。

嗅敏仪有一个嗅敏半导体探头,它是由二氧化锡和氯化钯等烧结而成,遇到某些气体其电阻就发生变化,通过电子线路便可做出指示,或用灯光及蜂鸣器报警。嗅敏仪能"嗅"出丙酮、氯仿等 40 多种气体,"嗅"苯时,比人的鼻子还灵,也能发现人鼻嗅之无味的一氧化碳(煤气)。它已被成功地用于煤气管、氢气管和冷冻机等的检漏(图 69)。虽然有的煤气管埋在地下半米多深,但用嗅敏仪只要在地面上就能查出漏气的地方。

图 69　利用嗅敏仪检漏

还有一种气体检测仪被形象地称为电子鼻,它由 4 个不动的和 1 个转动的金箔组成。工作时,它们安置在玻璃罩里构成气味室,气味混合物可以进入其中(图 70)。不动的金箔上覆盖着不同的吸附剂(例如硫酸铁、硼酸、白蛋白、重铬酸钾、氯化钠等），它们的接触电位由转动的金箔来测量，旋转速度为每分钟 900 转。在转动金箔与地连接当中的电阻上的电压降，可以作为接触电位大小的量度，它可以用示波器来测量。接触电位的大小决定于吸附表面的材料和气味物质的性质。当气味物质在其蒸汽分压高达 100~300 毫米水银柱高的情况下进入玻璃罩后，4 个不动金箔上的接触电位发生

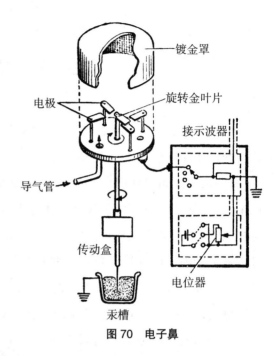

图 70　电子鼻

变化，它的最大变化发生在气味物质与电极接触 30 秒钟后的时间里。测量接触电位的相对变化，即可据此判断气味物质质和量方面的特性。这种电子鼻的缺点是易受气味混合物的湿度和温度的影响，所以在气味混合物中用氮气代替了空气。其优点是没有动物嗅觉器官的嗅觉疲劳现象，即不会"入芝兰之室，久而不闻其香；入鲍鱼之肆，久而不闻其臭"。使用这种电子鼻可以检测丙酮、硫茂、吡啶等气味物质。

　　另一种电子鼻是根据吸附热原理制成的。仪器的感受元件是半导体热敏电阻，其表面覆以含有活性炭、活性铝和硅凝胶等的各种吸附剂薄膜。模型中应用了丁酸乙酯、纤维素、聚氯丙烯、黏纤维素、乳酪蛋白、白明胶、石蜡等构成的薄膜。它们在化学上是不易反应的，在时间上是稳定的，在力学上是足够坚固的。由于某些薄膜具有选择性吸附某种气味物质的能力，因此可以用来鉴定某种气味物质。

　　将位于特殊小室（气味室）里的覆以吸附薄膜的热敏电阻 A 接入四臂电桥中（图 71）。气味混合物被预先湿润成鼻腔里空气的湿度，以消除对于

水的敏感性，并使之流经热敏电阻小室。在气味物质的作用下，吸附热使薄膜的温度升高，半导体的电阻随之变化。为了排除周围温度变化的影响，在电桥的邻臂上连接一个不覆盖吸附剂的热敏电阻 C。为了扩大装置的灵敏度，再联入两个热敏电阻 D 和 B：前者覆以吸附剂；后者用于温度补偿。电桥的输出信号进入直流放大器（放大系数为 1000）。被放大的信号用毫安表或微安表测量，并同时输送给记录装置。图 71 表示模型的原理。仪器具有很好的重复性。例如，每隔 1 分钟间隔多次通入氯仿，输出仪器的指示是 79，82，82，81，84 毫安；而用丙酮进行实验时，输出指示为 50，49，48，48，48 毫安。这说明用仪器指示的电流强度就可以鉴定气味物质的种类。

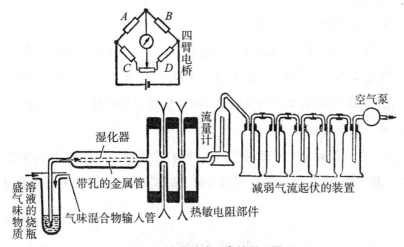

图 71　电桥式电子鼻的原理图

当气味物质流经热敏电阻时，输出仪器的指针偏到一定位置若干秒钟，而后缓慢回到开始的位置。也就是说，模型有"疲劳"现象。如果停止通入气味物质，而代之以纯空气，指针几乎瞬间回到原始位置。对于很薄的薄膜（2～5 微米）来说，疲劳现象往往在仪器对气味产生反应 1 秒钟后就开始了。可是对较厚的薄膜，这个时间却可延至 0.5 分钟。仪器的指示决定气味物质的浓度及其性质，达到最大指示需要的时间与物质的浓度无关，完全适应的时间随气味物质浓度的减小而增大。

比较这种电子鼻模型和人的嗅觉分析器的灵敏度，人们发现模型感受的物质种类有限，但灵敏；人鼻能感受多种化合物，但需要的浓度高。模型对丙酮等一系列物质有比人鼻高的灵敏度，对几种花（玫瑰、接骨木等）味也有相当的灵敏度，而对硫醇的灵敏性是不及人鼻的。当然，模型与人鼻也还有许多相似点：

（1）对气味物质反应迅速；

（2）撤除气味物质，反应即刻消失；

（3）都相当灵敏，能区别不同物质的气味；

（4）空气在感受表面上的流动是必需的；

（5）有疲劳现象；

（6）对强烈刺激显示极限反应。

根据嗅觉的吸附说建造的另一种电子鼻，是应用电解槽作为转换器，在液-气界面上，气味物质吸附并被氧化，使电解槽的电流量发生变化。这些变化可被用来分辨某些气味物质。这种仪器对某些醇（例如，乙醇）的灵敏度，比人的鼻子高出 100 倍。

人造鼻不仅可用来帮助医生辨病，检验化学物品，预告食物的腐败，测定空气的污染，而且可用来分析潜水艇、高空飞机和航天飞船里的气体。

苍蝇和航天

令人讨厌的苍蝇和宏伟的航天事业似乎风马牛不相及，但仿生学却把它们紧密地联系在一起了（图72）。苍蝇是声名狼藉的"逐臭之夫"，凡是腥臭污秽之处，它们无不逐味而至。更可恶的是，苍蝇满身病菌，到处放毒。有时一只苍蝇落在饭菜上，你若不及时把这"不速之客"赶跑，其他苍蝇就会嗡嗡接踵而到。因为那只先行者发现美味后，释放出一种特殊的气味物质，其"狐群狗党"嗅之便欣然而来。

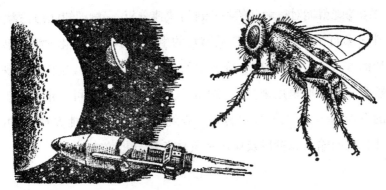

图72 苍蝇与航天

苍蝇有惊人的嗅觉,能在很大的距离上发现微乎其微的气味。它的嗅觉感受器分布在触角上,每个感受器是一个小腔,它与外界沟通,含有感觉神经元树突的嗅觉杆突入其中。这种感受器非常灵敏,因为每个小腔内都有上百个神经元。用各种化学物质的蒸气作用于蝇的触角,从头部神经节引导生物电位时,可记录到不同气味物质产生的电信号,并能测量神经脉冲的振幅和频率。在此基础上,人们制造了一种气体检测仪器,它的"探头"竟是活的苍蝇。把微电极插到苍蝇嗅觉神经上,将引导出来的神经电信号经电子线路放大,送给分析器;分析器一经发现气味物质特有的信号,便能发出警报。

嗅觉感受器只对气态的化学物质起反应,另一种化学感受器如味觉感受器则需要与物质直接接触才发生反应,所以又叫作接触化学感受器。昆虫的这种感受器分布在口器内外和身体的另外一些地方。苍蝇口器上的这种化学感觉茸毛,长约0.3毫米,它被不透水的表皮覆盖着,尖端有一直径0.2微米的小孔,一些感觉神经元的树突末梢从中伸展出来。在苍蝇腿上,也密密丛丛布满了这样的茸毛。绿头蝇的嘴和腿上的这种感受毛共有3000多个,每个都由四个感受细胞构成:一个感水细胞,一个感糖细胞和两个感盐细胞,它们各自把得到的信息传入脑子。这些感觉毛只要与化学物质一接触,便能产生神经信号。这些信号的产生,是物质的分子与神经树突末梢之间电性质变化的结果。替代通常的化学反应的是瞬间的电变化。这样,苍蝇就能对接触到的物质进行快速分析,一触即知此物是否可食。

科学家们在研究了苍蝇嗅觉器官的生物化学本性和化学反应转变成电脉冲的方式之后,已制成十分灵敏的小型气体分析仪。这种仪器现已装置在航天飞船座舱里用来分析其中的气体。同时,它也可测量潜水艇和矿井里的有毒气体,以及时发出警报。苍蝇嗅觉器官的功能原理,还可用来改进计算机的输入装置以及应用在气体色层分析仪中。

电子警犬

狗以其鼻子灵敏而著称,它能感觉200万种物质和不同浓度的气味。1立方厘米空气含有268亿亿个气体分子,只要其中有9000个油酸分子,狗就能嗅出味来。这时,油酸的浓度只有一亿亿分之三点三六,看来狗感觉油酸的灵敏度已达到单分子水平。实验表明,狗除了混淆同卵双生子外,几乎可以根据气味找到任何要找的东西。

狗的嗅觉比人灵敏得多,这已为组织学研究所证实。人的嗅觉细胞只有500万个,覆盖着鼻腔上部黏膜的一小部分——5平方厘米大小;而一种牧羊犬竟有2.2亿个嗅觉细胞,在鼻腔里占的面积达150平方厘米(图73)。嗅觉测量结果表明,狗的嗅觉比人灵敏100万倍。虽然狗比人具有更敏锐

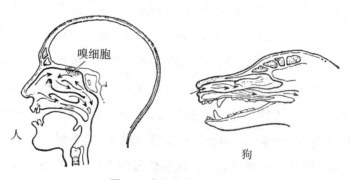

嗅细胞

人

狗

图73 人和狗的鼻子截面

得多的嗅觉，但是它不能辨别在人看来是各种东西的特定标志的气味的1%。人类通过感觉反映世界的深度和广度远胜于动物。

有人发现，狗对人脚汗中的脂肪酸非常敏感。据计算，如果每天人的每只脚分泌的汗液为16立方厘米，其中1‰穿过鞋底透出来的话，则在每个脚印上就留下 2.5×10^{11} 个脂肪酸分子。这对狗嗅出人的踪迹已是足够的了。

人们按狗的用途把它们分成警犬、牧犬、猎犬等，各司其职，成为人类的一种得力助手。人们早就训练狗进行侦缉，嗅烟草和药物，有的地方还用狗来查找煤气管道的漏气处，甚至让脖子上挂着食品袋的"救护犬"进深山里去救人。有的邮局已用狗来检查邮件中的炸药。经过训练的狗，还能根据气味探矿，这就给地质勘探队带来不少好处（图74）。例如，人们已用"探矿犬"找到了埋藏在地下12米深的硫铁矿，并圈定了矿床的边界。此外，还用狗找到了汞矿和含砷的矿藏。在军事上，人们已训练狗去寻找地雷和陷阱。经过训练的狗还能嗅出蛙人发出的水泡气味，用它来守卫军用港口，可以发现水下的敌人。

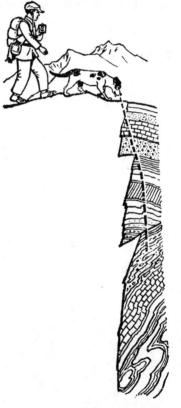

图74　探矿狗探矿

但是，直接使用狗来帮助人类进行发现、搜索和跟踪等工作，有时也有不足之处，如携带不便等。所以，人们就研制一种能代替警犬的电子仪器，这就是所谓"电子警犬"。

这种电子装置，其原理是基于不同物质的气体对紫外线的选择性吸收。仪器里有特殊的紫外灯，它的射线被聚焦在灵敏的检测器上。当化学

079

物质的气体进入紫外灯和检测器之间的空间时,紫外灯发射的部分辐射被它所吸收,结果减少了检测器所接受到的能量。当气体浓度达到一千万分之一时,检测器即发出警报信号。

这种仪器可装置在化学纯化工厂,以发现过氯乙烯毒气。电子警犬可以发现下列物质的气味,苯、染料、漆,氨、树脂、瓦斯、酸以及新鲜苹果和香蕉的气味。因此,它可应用在手术室、仓库、汽油库和工厂区进行气味检测。这种仪器发现上述气味的灵敏度已达到活狗鼻子的水平。

人们又研制了一种在某些方面比活狗鼻子灵敏1000倍的"电子警犬",它已被用来代替警犬进行侦缉。

第四章　生物定位和通信

活雷达——蝙蝠

夏天，随着暮色降临，蝙蝠从黑暗的岩洞或房舍里飞出来觅食。乍一看，它们飞得似乎杂乱无章，其实它们在追逐着昆虫。它们忽上忽下，兜圈子，急剧地变换着飞行方向和速度——一句话，在空中施展全身技巧。这些动物能在岩洞漆黑的角落里准确无误地定向，也能够在黑暗的夜晚穿越茂密的树林。

是蝙蝠的眼睛特别敏锐吗？我们如果把蝙蝠的双眼罩上，或使之失明，它仍能完全正常地飞行。假使把瞎眼蝙蝠的双耳塞住，那么，它就黔驴技穷了，飞行时到处碰壁。刚取掉塞耳物，蝙蝠又开始正常飞行。这些实验说明：蝙蝠是用耳朵来"看"的。后来，用测量超声波的电子仪器又发现，蝙蝠是用超声波定位的。在飞行期间，这些动物在喉内产生超声波，通过口或鼻孔发射出来；被食物或障碍物反射回来的超声信号，由它们的耳朵接收，并据此判定目标及其距离：是食物，追捕之；是障碍，躲避之。我们通常把蝙蝠的这种探测目标的方式叫作"回声定位"（图75）。

我们的耳朵能听到16~2万赫兹的声振动，频率比2万赫兹高的声音叫超声波。热带食果蝙蝠能发射复杂的声脉冲，其频率超过人耳听觉上限的7倍。这些超声波非常微弱，甚至用灵敏的微音器也未必能收听到。这种蝙蝠在热带植物丛中飞来飞去觅食香蕉和其他水果时，发射出这样的超声波。属于这一类群的，还有热带的食虫蝙蝠及吮吸人和动物血液的妖蝠。美洲白股蝠开始的寻食呼叫频率高达9万赫兹，这差不多是人耳听觉上跟的5倍，但0.05秒钟后其呼叫频率即降低一半。蝙蝠用极大而灵敏的耳朵捕捉反射回来的回声。它不但外耳大，而且内耳特别发达，适于接受很高频率的号叫声和低密度的回声。使人吃惊的是，它们1秒钟内能捕捉和分辨250组回声，同时也发出同

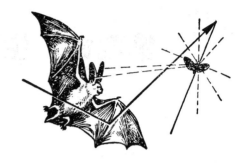

图75　蝙蝠的回声定位

等数目的超声波。大的白股蝠即使在口中含有食物时，同样能发射出超声波，成功地避开突然出现在面前的障碍物。

　　蝙蝠捕捉昆虫的灵活性和准确性是非常惊人的。如果我们把一群果蝇和蚊子放入白股蝠所在的房间里，白股蝠便立即捕捉飞行中的昆虫，而且以异乎寻常的速度完成之。一般电影摄影机未必能跟得上蝙蝠，它们能在几分之一秒钟内陡然改变方向追歼昆虫。在最初几秒钟内，蝙蝠竟能平均1分钟捕捉14只昆虫，即每4秒钟捕捉1只。也有这样的情况，蝙蝠成功地捕到2只昆虫，总共只费了半秒钟时间，简直是"一眨眼"工夫。同时，人们也查明了，蝙蝠能发现1米外的昆虫。

　　在电影摄影的同时，人们利用高度灵敏的电子仪器记录蝙蝠发放的声音。结果发现，高频呼叫刚一"探察"到昆虫，蝙蝠的叫声频率陡然上升——

它企图找到昆虫。这个频率增长的速度非常快，当蝙蝠靠近昆虫时，呼叫转变成连续的吼声。直至捕捉到昆虫，时间只有几分之一秒钟。当万籁俱寂时，不用专门的仪器也能听到蝙蝠的觅食呼叫声。它们的叫声像隐约可闻的嘀嗒声，并不比手表的声音更响——这是动物所发信号落入人听觉范围的那个微乎其微的部分。由此可见，白股蝠使用的是调频式"雷达"。

蝙蝠的分辨本领是很高的。例如，在实验暗室中，用自动装置把面粉虫和同样大小的金属或塑料圆盘无一定顺序地抛入空中。结果发现，抛上去的面粉虫98%被蝙蝠捕捉了，但对85%的圆盘它们甚至碰也不碰。用频率为2~10万赫兹的人工超声信号进行的测量表明，从圆盘和面粉虫反射回来的回声信号，在整个频率范围和这些物体的所有可能位置上，几乎有同等的强度。由此得出结论，蝙蝠的回声定位器能够分辨回声的"精细结构"。蝙蝠在飞行中还能把昆虫反射的信号与地表、树林和灌丛反射的信号区分开来，即同时探测几个目标的形貌和位置。况且，蝙蝠常在倾盆大雨中追猎，此时雨点打击树叶的噪声和蝙蝠本身的呼叫产生的回声交织在一起了。对于蝙蝠来说，雷雨不足畏，雾霭却可怕。雾是由无数细微水滴所组成，它们能吸收一定频率(共振频率)的声波，然后再将吸收的声能释放出来。据计算，雾滴的共振频率正好是蝙蝠使用的超声频率！因此，对飞行中的蝙蝠来说，雾是"黑暗"的，虽含有微弱的"余晖"。这时，蝙蝠的超声定位器失灵，全靠那眼神欠佳的双目，不仅吃不着美味，还大有碰壁撞树之虞，故以深居简出为好。

蝙蝠经常生活在黑暗的岩洞中，成千上万只甚至几亿只住在一起。当它们在暮色中飞离洞穴和清晨返回时(图76)，所有蝙蝠呼叫产生的噪声与洞壁反射的

图 76　蝙蝠清晨呼叫着返回洞穴

083

回声交织在一起,对动物来说似乎是震耳欲聋,或者至少是定向被干扰。但是,事实上什么情况也没有发生,大家互不干扰,各行其是。

居住在欧、亚、非洲的菊头蝠的捕食方式那就更简便了。由于它们头朝下用一只腿悬挂着,几乎可以旋转360°,用自己发射具有固定频率的超声波"搜索"周围空间,以目标反射回来的超声波的频率高低,来测出目标的距离。这种蝙蝠发现昆虫,就像无线电定位器天线"搜索"天空发现飞机那样准确。蝙蝠鼻周围的马蹄形皮褶起扩音器的作用,把超声波聚集起来,并向一定方向发射出去。菊头蝠突然地猛冲和迅雷不及掩耳的飞行,常给漫不经心飞掠其旁的昆虫以毁灭性的打击。

蝙蝠的回声定位器是非常精致的导航"仪器"。依靠它们,蝙蝠就能在拉紧的细铁丝间通行无阻地飞来飞去,甚至在这些铁丝的间隔比蝙蝠翼展小许多的时候。图77显示蝙蝠在暗室铁丝格网中自由飞行的连续镜头。实验用的蝙蝠翼展40厘米长,而铁丝间隔只有14厘米,但它们仍能用自己的超声定位器发现障碍,并在一刹那间收起翅膀,顺利通过铁丝网眼。还有人做过这样的实验:在约10米长的"飞行房间"里,在天花板和地板间拉上0.36毫米粗的铁丝以构成障碍。蝙蝠仍然在其中飞行自

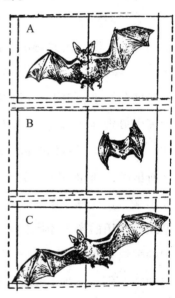

图77 蝙蝠穿飞铁丝格网

如,很少碰着铁丝(平均十有九次碰不着一根铁丝)。假使蝙蝠碰着了铁丝,那通常也只是因为回避得不够利索,翼端擦了一点边。常常是离铁丝总共只有几厘米时,蝙蝠才开始回避,虽然信号频率的增长表明它在1米外已经"看见"了铁丝。蝙蝠飞行得如此迅速,以至于它可能只来得及发出1~2个剩余信号,但是这对要发现比头发还细的铁丝似乎也已足够了。

蝙蝠的超声波定位器,一般重量只有几分之一克,体积为几分之一立

方厘米。而现代无线电定位器却有几十、几百甚至几千千克重,体积也往往大至几百立方分米。定位系统的一些重要特性,诸如测量距离和目标角坐标的灵敏度,对相互干扰的稳定性(对附近在同一时间工作的,其他定位系统发出的信号不反应的本领),信号对噪声的比值(信噪比)等方面,蝙蝠的定位器超过现在的无线电定位器百倍以上。(计算所得的蝙蝠定位器的基本特性的具体数值列于下表)因此,蝙蝠使雷达专家们很感兴趣。

目标距离 (米)	接收功率 (瓦)	信噪比	测距误差 (米)	测向误差 (弧度)
3	10^{-17}	1	0.15	3.5
2.4	2.5×10^{-17}	2.5	0.09	2.2
1.5	1.6×10^{-16}	16	0.038	0.87
0.6	6.3×10^{-15}	625	0.0061	0.14
0.3	10^{-13}	100×10^2	0.0015	0.035

　　早在第二次世界大战期间,蝙蝠就引起了军事部门的注意,差一点儿成了最离奇的"空袭"参加者。试验表明,蝙蝠的最大负荷为其体重的3倍。于是,人们研制了小型燃烧弹,制订了把它们固定在蝙蝠身上的方案,并制造了由感光时间继电器控制的蝙蝠投掷器。当这样的装置用降落伞空投下来时,容器在一定高度上自行打开,几千只"活燃烧弹"便可"命中"相当大的范围,引起建筑物的燃烧。这样的"空袭"原拟1944年底实施,后因原子弹的问世就作罢了。

　　在热带还有一种蝙蝠,叫食鱼蝠,又名兔唇蝠(图78),专吃水中的鱼类。它们飞掠水面时,向水里发射超声波,并收听回波,探测在水中游动的鱼类。因为鱼体90%以上是水,几乎不反射水下的声波,但充满空气的鱼鳔对声波却是"不透明"的屏。超声从鱼鳔上反射回来,回声

图78　食鱼蝠

085

到达空中的蝙蝠时，声音的能量将损失掉99.9%；如果声音垂直入射水面，也只有 0.12%反射回来。食鱼蝠的超声信号由于两次经过空气-水界面，声强便只有原来的千万分之六点七。据计算，食鱼蝠由水中鱼体得到的回声，只有普通蝙蝠在空中探测昆虫时得到的回声的1/4。只是根据这种极其微弱的信号，食鱼蝠便降至水面，把粗大的后脚和发达弯曲的爪伸入水中把鱼抓住，边吃边飞。食鱼蝠的耳朵是一种共振器。它能把弱信号增强，也能转向需要的方向，以在回声最强的方向上收集信号。食鱼蝠的探测本领引起了军事技术工作者的注意，他们希望仿制出一种能发现潜水艇的机载雷达。

其他一些动物，也有类似食鱼蝠那样的共振耳。例如，鹿、马、长颈鹿等都有较大的耳朵。耳的直径越大，它增强信号的能力就越显著；耳朵在长度上增加时，"竖起耳朵听"就能探测一个水平的扇形区域，听到可疑的声音，再把耳朵变换一个位置，又探测一个垂直的扇形区域，这样，就为准确确定声源位置创造了条件。根据这个原理，把无线电定位器的天线加长，一根天线水平安装，另一根与它垂直，就提高了探测目标的准确度。

根据对蝙蝠超声定位器的研究，现已仿制了盲人用的"探路仪"。这种仪器形似手电筒，它由两部分组成：一部分发射超声波（代替光线），另一部分把周围物体反射回来的声音转变成人容易辨别的声信号。这一装置的有效作用距离为10米左右。盲人使用这种仪器可以发现电线杆、台阶、人行道边缘、桥上的人，等等。经过一定的训练后，盲人也可以用它分辨铺满沙砾的小径和草地。

另一种更像蝙蝠定位系统的盲人探路仪，叫双耳助视器或超声眼镜（图 79）。在眼镜的鼻梁架上装有一个超声波发射器，它在55°立体角内辐射出45~90千赫兹的超声波；被障碍物反射回来的超声信号，由上面两个呈一定角度的传感器接收。超声回声信号

图79 盲人超声眼镜

被转变成人耳可闻的声音信号,通过颞侧的两个耳机提供给盲人的双耳,从而使人判断出障碍物的方位。它的电源和大部分电子线路装在一个香烟盒大小的盒子里,这个盲人随身携带的小盒与眼镜由电线连接在一起。这种仪器最好与手杖配合使用,以便能发现前进道路上的凹坑。

虽然鸟类似乎不像蝙蝠那样能听超声波,但至少发现两种鸟是用低频鸣声来定位的。一种是我国名菜"燕窝汤"的提供者金丝燕,另一种是南美的其脂肪可作食品的油鸟。它们的巢营造在洞穴里昏暗或漆黑的地方,因此回声定位对它们来说是性命攸关的。金丝燕白天在外觅食昆虫,晚上返回洞中——一进洞就开始鸣叫,声音频率为3~4千赫兹,并随着接近其巢而增加鸣叫次数。油鸟能成千只住在同一个漆黑的山洞里,一边发出6~10千赫兹的声音,一边安然飞来飞去。如果把耳朵堵塞住,它们就会东撞西碰,"盲目飞行"。洞里一旦豁然变亮,它们的鸣叫即刻停止,此时使用很好的视觉替代了回声定位。

夜蛾的反雷达战术

在亿万年的进化过程中,很多种动物形成了一套进攻和防御的手段。例如,避役(又名变色龙)(图80)随环境而改变颜色,以使自己在周围背景上不显眼:在树上,它变成绿色,而伏在岩石上时,则呈灰色。臭鼬喷射出来的臭气流,对敌人则是十分厉害的化学武器。而昆虫对蝙蝠的防卫,是靠非常灵敏的听觉。

夜蛾,是夜间绕火光飞舞的一类昆虫,其幼虫是农业害虫。蛾子比蝴蝶粗壮,大多色彩不怎么悦目。有些

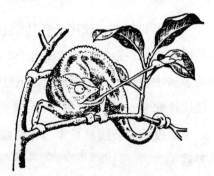

图80 避役

夜蛾胸、腹之间的凹处有鼓膜器,里面的感橛器固着在鼓膜的内表面,并通过充满空气的鼓膜腔。感橛器内有两个听觉细胞,它们的轴突顺着感橛器走向角质皱折,在这里,大星形或梨形细胞——非听觉细胞的轴突与之并行,形成的鼓膜神经由鼓膜腔里出来,在前下方与主神经干联合,最后从背侧面进入胸神经节(图81)。在大多数情况下,神经电活性是用微电极在鼓膜神经上引出的。

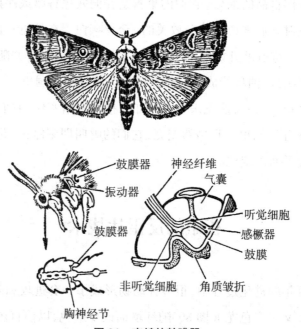

图 81　夜蛾的鼓膜器

　　如果我们把夜蛾用针扎住,放在扬声器前面;当扬声器播送模拟蝙蝠的呼叫声时,夜蛾就会表现出千奇百怪的姿态。假使它不是被针扎着,准会表演出典型的逃跑动作。若把鼓膜神经暴露在外,把它与示波器用细导线连接起来,当扬声器播音时,就会看到沿神经传导的脉冲频率陡然上升。这说明夜蛾的鼓膜是专门截听蝙蝠的超声"雷达"波的器官,是夜蛾的报警器。

　　用上述方法可以记录到两个听觉细胞产生的神经脉冲。如果将感橛器破坏，所有的超声反应便全部消失。有人在田野里研究了鼓膜器对蝙蝠超声波的反应，结果指出，夜蛾可发现距其6米高、30米远的蝙蝠。根据神经反应的记录分析，它还可以查明蝙蝠的距离和飞行特性的变化。每个鼓膜器对脉冲声源都有不太明显的方向感觉。

这样，虽然蝙蝠尚在"安全距离"外，夜蛾就得到了警报，旋即溜之大吉。如果蝙蝠已经"看到"夜蛾，它的叫声频率便陡然上升，就像扫描雷达捉到目标后，自动增加发射脉冲数，以把目标维持在探测范围内那样；而夜蛾——就像飞机驾驶员那样，能从自己的电子仪器中得知其飞机已成为敌雷达的目标——截听到频率升高的蝙蝠叫声。如果蝙蝠近在咫尺，鼓膜神经的脉冲已达到饱和频率，说明已被蝙蝠"盯"住，危险迫在眉睫，已经来不及继续收听蝙蝠飞行方向的信号了，只有当机立断，采取紧急措施：不断变换飞行方向，兜圈子，翻筋斗，螺旋下降，或干脆收起翅膀，径直落到花草树木或地面上——总之，使蝙蝠无法确定它的位置（图82）。当然，也有逃跑路线不当的，反而自陷虎口了。

图82　夜蛾的反"雷达"战术

有些夜蛾还有反雷达装置——它们在足部关节上有一种振动器，能发出一连串的"咔嚓"声以干扰蝙蝠的超声定位，使它不能确定目标。此外，有的夜蛾身上的绒毛可以吸收超声波，使蝙蝠得不到一定强度的回声，从而大大缩小了蝙蝠雷达的作用距离。对这种抗探测防护层的研究，有可能使人们找到一些新办法，来减小军事设施的被探测性。近来发现，一些夜蛾还有自己的"早期报警雷达"。它们主动发射极高频的超声波，一旦发现蝙蝠便及早逃跑。因此，尽管蝙蝠有很好的定位器，但要捕着一只夜蛾看来也不那么容易。

089

现在发现,不少种昆虫能收听蝙蝠的呼叫声,并对其做出一定的逃避反应,而这些昆虫大都是农业害虫。这样,我们又多了一种与害虫斗争的手段——模仿蝙蝠的声音驱虫。实验表明,21千赫兹的"假蝙蝠声音"可保护棉田不受象鼻虫蛾的为害。它们一听到这种超声波,便慌忙逃避,从而使棉田免遭其害(图83)。有一种农业害虫叫玉米钻心虫,其成虫是一种夜间活动的蛾子。这

图83 假蝙蝠声驱虫

种蛾子腹部有成对的鼓膜器,每个鼓膜器含有4个感觉细胞,其中3个是感觉声波的。如果用22千赫兹的超声波刺激鼓膜器,鼓膜神经上便出现一系列脉冲。为了探索用物理方法控制这种害虫的可能性,人们用拟蝙蝠声进行了野外试验。在试验田里,每天夜里播送50千赫兹的超声波,其重复频率与强度和蝙蝠叫声一样,从6月中旬开始,一直继续到玉米成熟。结果发现,试验田里受虫害的玉米为14%,而在未播拟蝙蝠声的对照田里,受害玉米达23%;试验田里的玉米钻心虫仅为对照田的1/3。

蛾子不仅能探测超声波,而且也能接收电磁波。有人提出,蛾子的羽毛状触角像是无源雷达探测装置,其上有锥形感受器和腔锥感受器。锥形感受器接收气味物质分子发出的窄频带红外线;腔锥感受器则探测其他蛾子飞行时体温升高所发出的宽频带红外线。在其"雷达"的导航下,蛾子就能找到配偶或某些植物。这样,人们就可能加以模拟,研制出电子诱集器,配合其他方法将农业害虫杀灭。

我们用的雷达是用电磁波工作的。发射出去的电磁波束碰到目标后,反射回来被雷达接收机接收,并以光点形式显示在荧光屏上,由光点的位置便能判定出目标的方向和距离。

但蛾子的位置感受器工作起来更简单,它不仅使蛾子得知目标的方向和距离,而且还能得知一般航空雷达不能探知的东西,例如目标的高度(图

84）。当然，机载雷达将继续获得改进：增加探测距离，或飞行员在发现突然出现在显示屏上的危险前，就获得自动报警器的信号；或使一种应急的电子驾驶仪成为新式雷达的一部分，使飞机得以自动闪开正在接近的飞机。但这种复杂而贵重的新式雷达要经常处于工作状态，而蛾子触角却敏感，简单，且任何时候都在工作。这的确值得我们借鉴。

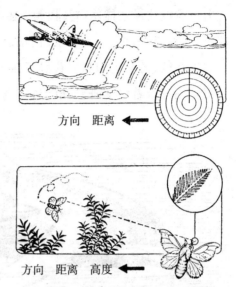

图84 航空雷达和蛾触角的比较

在生物界中，还有比夜蛾灵敏的听觉感受器。例如，节肢动物的一种机械感受器，总共只有一根神经纤维，但它对150~250赫兹声音的感受并不比人耳差。模仿生物的这些特点，可以设计出新型的通信装置。

海豚的声呐

海洋，人们通常说它碧波万顷，缄默无声；其实，它还是个绚丽多彩、热闹非凡的世界呢！如果把水听器这种特殊的微音器沉入海中，就会在海洋的某些地方收听到各种各样的声音：叫鱼的"笃笃"响声，跳虾的俨如人们弹指头的声音，一些小鱼的呼噜声和白鲸刺耳的尖厉呼叫声，海豚的"吱吱"声和抹香鲸潜入深海时发出的"吱扭"声，其他动物的"咔嚓"声等形形色色的声响交织在一起，使你大有身居闹市之感。

这些海洋动物为什么如此饶舌？让我们从海豚谈起吧。

海豚（图85）是一种海洋哺乳动物，我国古代伟大的药物学家李时珍对海豚有过这样的描述："其状大如数百斤猪,形色青黑如鲇鱼,有两乳,有雌雄,类人。数枚同行,一浮一沉,谓之拜风。"现在我们不仅打破了对这种动物的迷信,还从它们身上获得了高级润滑油、皮革、食品、肥料等。此外,还对它们进行着科学研究,以使它们更好地为社会主义建设服务。

图 85　海豚

如果我们把海豚捕来饲养在水池中,就会发现,无论白天还是黑夜,它们都能成功地捕到鱼吃。原来,它们有自己的声呐设备。每当水池中的海豚开始觅食时,我们用水听器都能听到轻微的吱吱声。有人做过这样的实验:把丧失知觉的长约 10~20 厘米的小鱼,从停泊于贮水池边的小船上不声不响地放入水中,水池中的海豚便径直游向小鱼,而且它自始至终地发出吱吱声。这时候,水很混浊,无论如何动物也不可能从远处看见鱼(许多实验是在夜间进行的)。如果在海豚已经游过小船后,人们小心翼翼地把鱼放入贮水池的混水中,它会立即折转回来。为了查明海豚离多远能发现鱼,有人做了下述实验:由小船上垂直其舷敷设一条 2.5 米长的渔网,网下垂到水池底部,将到小船的途径分成两个过道。这样,海豚至少从 2.5 米距离以外就得决定,它必须从哪一边游向小船才能捕到鱼吃。两个人分别坐在船首和船尾,即网之异侧。若其中一个人把鱼放入水中,另一个人则握手于水下,好像也要供给海豚食物似的。实验结果表明,海豚几乎每次都选择了有鱼的那个侧面,而且是在它肯定看不见鱼的那个距离以外决定这样做的。无论白天或黑夜进行的实验，结果几乎是完全一样的。

　　海豚分辨目标的本领也是很高的。如果我们用橡皮吸杯蒙住海豚的眼睛，动物仍能准确辨认物体的大小和形状——每次都冲向它的食物鱼，而不是冲向同样大小和形状的充满水的塑料瓶子。令人吃惊的是，海豚竟能分辨3千米以外的鱼的性质——它喜食的石首鱼，还是厌恶的鲻鱼！特别是印度河中有一种瞎眼睛的海豚，叫作盲海豚，同样能准确地捕捉食物。海豚还能识别不同的金属，甚至当不同金属有同一强度的回声时，也能区别出来。用吸杯蒙住海豚的眼睛，可以训练它判断两个镍钢球中哪个大。例如，一个球直径5.2厘米，另一个为6.1厘米，判断对的概率为100%；若一个球直径5.5厘米，另一个为6.1厘米，则判断对77%。

　　水下障碍也不影响海豚的回声定位本领。海豚穿过由沉入水中的金属杆构成的迷宫时，比在通常情况下游得更快（图86）。我们可以在大的露天水池中建造一个迷宫，它由排列成6排的36根铁杆组成。借助固定在缆索上的铁丝自由悬挂着的铁杆，或以等距排列，或以棋盘式排列。这些金属障碍很轻巧，并且很"灵敏"，每当海豚碰着它们时，都发出类似钟响的叮当声。有一次，两只海豚钻过这种障碍物，在20分钟的实验时间里，

图86　海豚穿过迷宫

总共只听到过 4 次响声。这还是在它们从一排向另一排铁杆过渡转弯时，尾巴碰着了铁杆造成的。在第二次实验中，它们碰着了 3 次。而在其后的实验中，一直没有听到叮当声，似乎海豚已学会了躲避水池中的障碍物。原来，它们在铁杆迷宫中游动时，不断发射自己的声信号。然而，这些信号没有通常情况下那样洪亮；大概这样做是为了减少远处铁杆可能的回声数目，因为它们会干扰海豚的定向。

　　海豚的全部声音落在 250~300 千赫兹的范围，而定位是用 120~200 千赫兹的超声波完成的。我们知道，海豚没有其他动物那样的声带。所以，声音不是从海豚嘴里发出来的。起初，一些人认为，海豚产生回声定位的声音，可能是由于呼吸孔放出空气。但是，以后由于下列原因他们放弃了这种想法：第一，谁也没有看见过海豚在发超声波时呼吸孔有气泡放出，第二，海豚在水下不可能敞开呼吸孔，否则它会呛水。最后，很难想象，对在水下游泳的海豚非常宝贵的空气，却被消耗于回声定位，目前，大家比较一致的意见是，海豚回声定位的声音源，是其头部具有的瓣膜和气囊系统。这些瓣膜和气囊沿呼吸孔至肺部的呼吸道排列。海豚把空气吸入气囊系统，连接它们的瓣膜关闭时，空气流过它们便发出声波。这时，瓣膜边缘发生的振动，就像我们闭住双唇，由嘴里往外吹气时嘴唇产生的振动那样。于是，空气没有被海豚的发声器官挥霍掉；它在气囊系统中简单地循环着，周而复始地用于声音的发放。产生的超声波是通过海豚头的前部发出去的，因为如果食物位于海豚嘴水平面以上，蒙住眼睛的海豚也能轻而易举地发现它；如果食物在嘴水平面以下，就不能一下子发现。海豚头前部有个"脂肪瘤"，它紧靠在产生声音的瓣膜和气囊前面，它大概起"声透镜"的作用。把回声定位脉冲束聚焦后定向发射出去（图 87）。海豚发射超声信号时，经常摇晃着脑袋（20°~30°）。当超声信号遇到目标时，形成的低频反射信号，被耳或头部的其他部分接收。

　　看来，海豚优先发展了听觉。它的大脑听觉区域的组织很复杂，由耳发出的听神经也很粗大。海豚用 7~20 千赫兹的脉冲探测较远距离的目标，以避开岸边、暗礁和船只；探测近距离物体和觅食时则用短的脉冲组（每秒5~100个，频率为20~170千赫兹）。当海豚朝向看不见的目标时，往往压低或抬高头部，这大概帮助它用超声波"探索"物体，并且忽而用这只忽而用那只耳朵转向回声信号源，这样就能更有效地捕捉到它们。海豚声

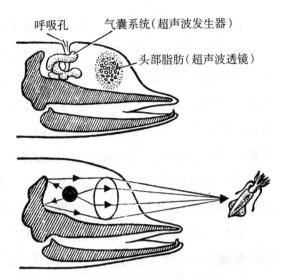

呼吸孔　气囊系统（超声波发生器）

头部脂肪（超声波透镜）

图 87　海豚的回声定位器

定位系统的这些优点，正是声呐的研制者们所要努力借鉴的。

目前，侦察敌人的潜水艇，鱼雷寻找攻击的目标，还部分地使用声学方法。可是海洋里有很多生物发声（生物噪声），会影响攻击的效果。在第二次世界大战中，美国海军用深水炸弹攻击的大部分"敌潜艇"，竟然都是生物噪声造成的虚假目标；而日本人却使鱼雷发动机的音响宛如一定海域里的生物噪声，借此深入港湾一举击沉几艘美舰，弄得美国人茫然不知其由。现在看来，海豚的主要军事价值就在于反潜战中：或训练海豚在敌潜艇活动区游泳，发出类似潜艇的声响，以提供假目标欺骗敌人，当然海豚在这里要作自我牺牲；或使我方潜艇发出海豚声，使敌误为假目标。另外，海豚已被训练用来寻找和回收鱼雷和水雷。如果用专门的套具把刀子固定在海豚鼻子上，那就可与蛙人（戴蛙蹼的潜水员）搏斗一番。也可以应用海豚在敌水域中侦察，收集敌潜艇的信号，甚至携带炸药进攻敌人的潜水艇。

鲸、海豹、海狮、海狗等也能发出超声波，并用于探测目标的位置和性质。因此，现代捕鲸船上往往装有超声波发射器，以向鲸两侧发射超声波，迫使它不敢改变航向；并用超声波对鲸进行干扰，使之筋疲力尽，以便"击敌之所惰"，一炮捕获。

　　在第一次世界大战期间，人们为与潜水艇战斗曾采用了各种手段，其中包括使用海豹。那时，用来探测潜艇的水听器还很不完善，一般只能听到所在舰艇产生的噪声，而分辨不出敌人潜艇的声音。要探测敌潜艇，就得减慢舰艇行驶速度，甚至要完全停止前进。但是，海豹能很快学会分辨潜艇的螺旋桨声音，并能进行快速游泳跟踪。可惜海豹永远不适合当个真正的"军人"，因为它一见好吃的食物，便中途开小差了。给舰艇做个"海豹耳"不是更好吗？于是人们研究了海豹的耳朵，赋予水听器以海豹耳壳的外形，水听器的分辨能力得以明显提高，在行进中也能侦察出敌潜艇了。

　　此外，人们利用鱼类发出和接受超声波的特性，创造了简单而又有效的声学渔具——拟饵钩（图88）。把两片凸形金属或塑料薄板固定成比目鱼形状，中间安装一个回形管，一端开口在前，另一端在后。当"比目鱼"在水中作迅速运动时，通过回形管的水流产生超声波，便可诱来凶猛的鱼类。另一种由15片压成一叠的镍片套圈组成。这些金属薄片碰到鱼类发射的超声波时，能发出清晰的超声回声。鱼儿听到回声，便竞相游来，这样捕鱼效果便显著提高了。

图88　超声拟饵钩

水母的顺风耳

燕子低飞行将雨，蝉鸣雨中天放晴。生物的行为与天气变化有一定关系。

生活在沿海的渔民都知道，如果海鸥和其他鸟类一早就飞出去，深入海洋，则预示傍晚没有强风；若鸟类在弱风中徘徊岸边，或飞向海洋不远，便是风力即将加强的预兆；当鸟类大群地从海上飞回海岸，生活在近岸水域里的小虾纷纷靠岸，鱼和水母成批地游向大海，则预示风暴的来临……

三四十年前，人们第一次"听到"并记载了"海洋噪声"。狂风怒吼，大海咆哮，浪花飞溅，泡沫四泛，那惊涛骇浪如千军万马，呼啸而来……但是人们往往没有想到，在这雄伟的"交响乐"中，还有一种人耳感觉不到的次声波。这种由空气和波浪摩擦而产生的次声波（每秒振荡 8~13 次的声波），以比暴风和波浪快的速度传播开来，它预先报告给所有能听到次声波的海洋生物，风暴行将到来。

水母（又称海蜇）就是能听到这种次声波的海洋生物之一。水母是一种极古老的腔肠动物，它早就漂浮在寒武纪（5 亿多年前）时代的海洋里了。在人类远未出现之前，水母就已经使用一套简便易行的方法来预测风暴了。风暴产生的次声波冲击着漂浮在水母"耳"（细柄上的小球）中的小小的听石，听石刺激"球"壁内的神经感受器，于是水母就隐约听到了正在来临的风暴的隆隆声。这时，水母便立即离开岸边，游向大海，以免被暴风激起的巨浪砸碎。人们设计了"水母耳"仪器，相当精确地模拟了水母感受次声波的器官。这种仪器由喇叭、接受次声波的共振器和把这种振动转变为电脉冲的压电变换器以及指示器组成（图 89）。把这套设备安装在舰船前甲板上，喇叭作 360°旋转。当它接收到 8~13 赫兹的次声波时，旋转自行停

097

止——喇叭所指示的方向,就是风暴将来临的方向;指示器则指示风暴的强度。这种仪器可提前 15 小时做出预报。

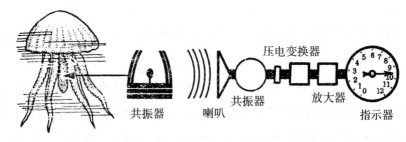

压电变换器

共振器　　喇叭　　共振器　　放大器　　指示器

图 89　"水母耳"风暴预测仪

生物地震预报仪

地震是人类的一大自然灾害。全世界每年要发生 500 多万次地震,目前大多数已能用灵敏的仪器记录到,但破坏性地震仍有 1000 次左右。这是对人民生命财产的巨大威胁。

我国是世界上研究地震最早的国家。3000 多年前,我国就有了地震记载,1800 多年前,我国古代科学家张衡就创造了世界上第一台地震仪。新中国成立后,我国的地震研究得到了飞速发展,专业人员和业余测报队伍相结合,成功地预报了几次大地震,使我国在地震预测预报方面不断有所进展。

在与地震灾害做斗争的过程中,我国震区广大群众积累了宝贵经验,其中包括观察动物行为异常方面的经验。在强震前,群众观察到许多动物有异常反应:畜不进圈狗狂叫,冬眠蛇出老鼠闹,鸭不下水鸡上树,蜜蜂飞迁鱼上跳,鹦鹉撞笼鸽惊飞,狮虎哀吼狼悲号(图 90)。此外,还有青蛙、麻雀、蚂蚁等 50 多种禽兽鱼虫有震前异常反应。

图90　地震前动物的反应

　　1969年7月的一天,天津市人民公园的工作人员观察到许多动物的行为都出现了异常,就连那平时逗人喜爱的大熊猫也躺在地上,抱头怪叫,唤它也不起,检查却无病。大家综合分析了这些情况,向有关部门提出了临震预报。结果不出所料,2小时后发生了渤海7.4级强烈地震,天津市地动房摇。

　　也有动物预报火山爆发的记载。1902年5月8日,马提尼克岛上的培雷火山爆发了。未爆发前,从4月中旬起,动物就开始了"疏散",首先踏上征途的是鸟类(图91)。自古以来,某些候鸟路过此地要作短暂停留,但这次它们不再休息了,一直往前赶路程。其后,火山上的植物上爬满了蛇,接着,它们也离开了这个地方。其他爬行动物也步其后尘离开了这个"不祥"之地。几天以后,一声霹雳,山摇地

图91　鸟类预报火山爆发

动,火光冲天——火山爆发了。

看来,动物的异常行为可能是发生地震和火山爆发的一种宏观前兆。

但是,动物的行为是复杂的,并且动物越高等,其行为也越复杂。影响动物行为的因素也很多,疾病、发情、饥饿、天气变化和生活条件的改变,也都能使动物出现所谓异常行为。实际上,有些则是动物对体内外环境变化的正常反应。此外,动物还有适应能力。因此,有时动物出现了异常,接着便发生了地震;有时则发生了地震,但事前并没有观察到动物的行为变化;也有动物出现"异常",但地震却没有发生。实践告诉我们,只有平时用心观察动物,熟悉它们的正常行为,才能及时发现动物行为上的变化。有比较才能有鉴别。如果在较大范围的地区内,多种动物表现出明显的异常行为,通过"去粗取精,去伪存真"的综合分析,才能为地震预报提供参考意见。

动物能对震前的地球物理变化发生反应。要知道,许多动物在亿万年的进化过程中发展了灵敏的感觉器官,人类察觉不出来和视为"静止"的一些外界状态,它们却能从中获取信息,并对其做出适当反应。地震既然是一次巨大的能量释放,事先就必然会有许多前兆。事实上,在强震发生前,地磁、地电、地应力、重力、地倾斜、地温、地下水化学成分都会有一定的局部变化,气象也可能出现异常。这些异常变化可能就导致某些动物行为上的异常。

鸽子和蜜蜂对磁场很敏感,能对几十伽马的磁场做出反应。地球的磁场强度大约为5万伽马,每天的经常变化为20伽马左右。如果强震前地磁有明显异常,这两种动物就可能有行为上的变化。此外,鸽子对一定频率的振动和气压的微小变化也很敏感。

狗、某些昆虫和老鼠有非常灵敏的嗅觉,因此,有的地方用老鼠作"仪器"来发现矿井中的瓦斯。当这种有毒气体积聚时,人还没有感觉出来,可是老鼠已在笼子里仓皇乱跑起来。此外,老鼠也能感觉超声波。

1975年2月4日,海城、营口发生了7.3级地震。震前一段时间,尽管天气酷冷,冬眠的蟒蛇仍爬出洞来,它们一出洞口就冻僵了。大震前蟒蛇、青蛙、泥鳅等冬眠动物的提前苏醒，可能与地温的局部升高有关。

许多种鱼能检测微弱的电流，并在行为上有所反映。在大震前几小时，人们往往观察到鲶鱼的翻腾闹水现象。这可能是因为地壳里的地电流在地震前发生一定的变化，而被鲶鱼通过其特别灵敏的电感受器所感觉。鱼类也能感觉水的流动和某些频率的声音。

虽然人们在1000多年前就知道了磁场，200年前发现光的偏振，150年前认识到电场的存在，但了解生物也能感觉它们还是最近50多年里的事。人类对自然的认识是不断在实践中深化的。感觉生理学领域内接二连三的新发现就说明了这一点。据报道，不久前人们又在鱼身上发现了"地震听觉"。或许，对它的进一步研究将为地震预报仪的设计提供新的启示。

蚊式测向仪

蚊之营营，蝇之嗡嗡，真使人闻而生厌！但对蚊蝇那些丑类来说，嗡营之声却是颇为美妙动听的乐曲呢。

蚊蝇飞行产生的声波，实际上是其翅膀推动空气分子往返运动的结果。空气分子的这种运动，使声场里任何一点的压力不断发生着变化。我们的耳膜在这变化着的压力下振动，我们便听到了声音。由于两耳接收的声波在振幅和相位上的不同，我们就能据此判断出声源的大致方位，这就是所谓双耳效应。但昆虫却与人类不同，它们所接收的不是空气压力的变化，而是空气分子实际的定向位移。因此，不少昆虫的听觉是有方向性的。雌蝗虫只要还有一个完好的鼓膜器，就能测听出唧唧叫的雄蝗虫的所在方向，迅速找到自己的配偶，原因就在于此。

蚊子也是这样。雌蚊的飞行声是近似周期性的波动，基频为350~500赫兹，与其翅膀挥动频率一样。雄蚊正是根据这个声音来确定雌蚊之所在的。雄蚊的"测向仪"长在头上，由两根触角和两个球形江氏器构成(图92)。

102

触角上轮生着许多刚毛，其中，长的感受毛可被雌蚊的"营营"声所推动。这样，雄蚊触角就完成与声速矢量相应的运动。江氏器里有一套弦音感觉器，它们把触角振动的消息报告给脑子，雄蚊便得知其"未婚妻"在何方。

我们可以用实验来验证一下。把微电极插入江氏器，用正弦声波刺激蚊子时，引导出来的生物电变化的基频，和外加声波频率一样。在用正弦声波刺激雄蚊时，也可在显微镜下测量触角的振动幅度。由图93可见，在声波频率为300多赫兹时，雄蚊触角移动幅度最大；而当声波频率接近雄蚊本身飞行声的基频时，触角振动幅度锐减。这说明雄蚊的"耳"

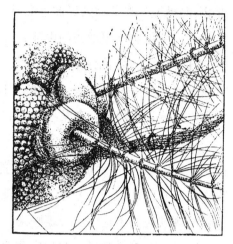

图92　雄蚊的触角和江氏器（放大150倍）

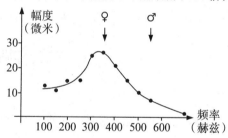

图93　雄蚊触角移动幅度和声波频率的关系（♀和♂分别表示雌雄蚊飞行声基频）

专门聆听雌蚊的声音，而对自己的飞行声则几乎是"充耳不闻"的。

从雄蚊"测向仪"的性质出发，人们研制了一种被动式声学测向仪。在这种装置里，用两个微音器来接收声波，其间距离比声波长小许多。由于两个微音器接收的声压不同，便得到一个与声源方位有关的电压信号。如果旋转两个微音器，当其连线垂直于声源方向，交流电压信号便消失。所以，它也像雄蚊触角那样是声速接收器。这种测向仪体积小，造价低，可用来定位雾角（在雾天警告船只的号角）信号，跟踪鱼群，或帮助潜水员定向。

一般昆虫的触角上都有江氏器，以感觉触角的运动。青蝇触角的运动部分是其第三节和上面的触角芒（图94）。触角芒的形状和大小受一些基因（遗传单位）的控制。"线性"基因使触角芒上不长分支，"无芒"基因则使其长度缩短；如果两种基因同时存在，触角芒便似有若无，这就直接影响雌蝇对雄蝇声音的反应。

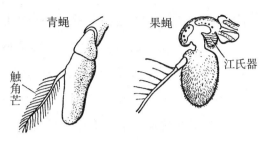

图94　青蝇和果蝇的触角及触角芒

有一种果蝇，在配对期间，雄蝇接近雌蝇，把朝向雌蝇的翅膀与身体呈直角展开，这时翅膀挥动不已，并产生出 324 ± 39 赫兹的声音，以表其"爱慕"之意。雌蝇用触角"倾听"后，便做出适当反应。如果把正常的雌雄蝇放在一起，5分钟后就有80%配对成功，但在同样的时间里，正常雄蝇与无触角芒的雌蝇配对成功的只占26%。看来，好多雄蝇的"恋爱曲"算是白唱了，因为它们的"对象"有些"耳聋"。

类似昆虫触角的还有蟑螂腹后的尾须。尾须上也有不同类型的刚毛，这些感觉毛的神经纤维构成尾神经，它进入腹神经节，并在这里换成粗大的神经纤维，上通神经索直至胸部。把铂或银微电极插入神经索，输出通过放大器连到扬声器和示波器上。用显微镜可观察到，轻轻一吹，尾须上的长触觉毛就振动，此时扬声器发出响声，示波器屏上显现脉冲。同样，用绝缘的玻璃针拨动它，或用发声音叉靠近尾须感觉毛，也都能听到和看到反应。这说明蟑螂的尾须是灵敏的空气流动、触觉和声音接收器。因此，蟑螂经不起风吹草动，一有动静它便拔腿就跑。

毫无疑问，昆虫触角和尾须功能的进一步研究，还会使我们得到一些工程上的益处，帮助我们研制一些新的探测仪器。

生物通信

俗话说："禽有禽言，兽有兽语"，动物之间也有一定的联系方式——生物通信。这里所说的"通信"，是指一个生物个体赖以影响另一个个体的过程，包括前者发送信号和后者产生反应两个部分。动物通信使用的特殊"语言"是多种多样的，除气味语言外，还有声音语言、运动语言、色彩语言，甚至超声波和电场也被生物用来传递信息。

研究动物之间的通信有很大的实际意义。人们已记录了许多飞禽、走兽和昆虫的声音信号，并在译释各种信号的意思。可以预料，不久人们将能用电子仪器指挥一些动物的活动，对有害动物或驱逐出一定区域，或诱而聚歼之。例如，有位动物学工作者研究了乌鸦的各种叫声，把它们编成"乌鸦语言辞典"，一播送乌鸦表示危险的叫声录音，乌鸦就会立即飞跑。空中的飞鸟对飞机是个很大的威胁，因为飞鸟虽小，但它却能像子弹一样击穿飞机，毁坏发动机，击穿驾驶舱的挡风玻璃，这种"飞来横祸"常使飞机坠毁。所以，有的机场设立了"鸟语"广播台，专门播送鸟类的惊恐叫声，以便驱散它们，使飞机安全起飞和降落。

生物水声学研究指出，鱼类在 50~10000 赫兹频率范围内的声学信号具有防卫、觅食和性通信意义。例如，驼背石首鱼雄鱼即以叫声吸引雌鱼。有一种会叫的鱼，它在昼夜的大部分时间里，能借助特殊的声肌和鳔随意发出咆哮声。声肌排列在鳔的两侧，其一端长入鳔壁里面，另一端借助韧带连在鳔上。它们由呼吸神经支配，当声肌收缩时，鳔有节奏地振动，并发出声音，其最大能量分布在 315 赫兹的频率上。声音之间的间隔比声音本身长 2~3 倍。声音的数量依赖于昼夜的时间。在人工延迟声音后，该鱼的声音加强而且更长了。当存在其他个体时，该鱼最愿意叫唤。用磁带录音机把这种叫声转播到水里，短时间内便能把该鱼吸引过来。另一种鱼在保卫自己的领域时，发出单个的吼声和持续的啼啭。它一发现自己的活动领域内有其他的鱼，便发出怒吼声，同时采取威胁性的姿势：展开鳍，或转向来犯者，甚至向敌人发起冲锋。但当有大鱼（例如，海鳝）接近时，它并不吼叫，而是发出啼啭之声。发声后，许多个体便聚集在一起，在某个距离内跟踪"侵略者"。人们认为，吼叫表示威胁，而啼啭则有防卫的意义。在黄昏时分,每条鱼的水域边界模糊不清了,就各自外出觅食。此时,每条鱼常与其他个体接触,吼声的数量也随之增加。业已查明,当重播录制在磁带上的鱼的叫声时,可以改变鱼的行为。

鱼的鳔能控制鱼在水中的位置,并主鱼之沉浮。一些鱼还能借助鳔来发声,另一些鱼则把鳔又当作声波接收器使用。人们研究了鱼鳔声波接收器的工作原理,并用橡皮囊进行了模拟研究。结果设计了一种橡皮囊,可作为微音器中的声波接收器。

螽蟖、蟋蟀、蝗虫、老鼠等都能用超声波通信(图95)。第一个被发现使用超声波的动物不是蝙蝠,也不是海豚,而是螽蟖。它用的频率范围相当宽,从几百赫兹到11万赫兹。螽蟖的鸣声分三种,功能各异。"婚曲"是多音节或单音节构成的唧唧声。"单身汉"螽蟖是

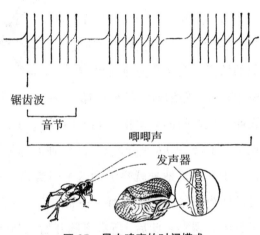

图95 昆虫鸣声的时间模式

不知疲倦的夜歌手,往往一唱就是好几个小时。如果这歌声被另一个"单身汉"听到,它们便此起彼落地对唱起来。雌螽蟖闻乐赴会,并选中歌声洪亮者,哪怕它是人工信号源。两只雄螽蟖相遇便高唱"战歌",面对面摆好架子,摇动着触角,大有一触即发之势;双方只有后撤了事。当周围出现异常或危险时,螽蟖便发出"警鸣"。一只一叫,其他螽蟖闻之噤若寒蝉,以收销形敛迹之效。螽蟖的鸣声由翅膀擦刮产生。它们在第一对腿上有裂缝状的"耳"——鼓膜器,每个里面有100~300个感觉细胞。蝗虫的鸣声和声反应与螽蟖类似。它的鼓膜器在第一腹节的两侧,每个有60~80个感觉细胞,分成4群,a、c和d在相互垂直的平面上,b与a所在平面同。它们连在鼓膜的不同部分,故频率敏感性不同,只有d群细胞感受超声波(图96)。现

已能用人工信号引起蝗虫鸣叫，用15~20千赫兹声音会使蝗虫出现一系列反应，向声源飞奔而去。

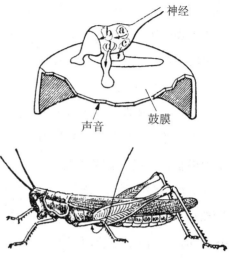

神经

声音 鼓膜

图96 雌蝗虫的左侧鼓膜器

海豚也能够相互"交谈"。一只海豚能用适宜频率的声音把情况通知给另一些海豚，比方说，它能够描述在多远的地方有一条鲨鱼，有多大。1962年2月1日，在某地海岸附近就记录到类似的情况。在狭窄的海湾里，距岸250米处停泊着一艘研究船。在船和岸之间的海水里，由悬挂在缆索上的铝杆构成了障碍物。突然，出现了一群（5只）太平洋阿法林（一种海豚）。水听器记录到的声音表明，它们几乎在一里地外就察觉到这个障碍物！其中一只海豚游近铝栅栏用自己的回声信号周详地进行了一番"探索"。接着，它游回群体，并且"报告"了自己的观察。此后，所有海豚开始用刺耳的吱吱声语言相互"交谈"起来。偶尔，一只海豚离开集体，游向铝栅栏（图97）。大约经过半小时的"讨论"之后，看来这些海豚取得了一致的意见：这个古怪的栅栏中并没有什么危险的东西。于是，它们穿游了过去。

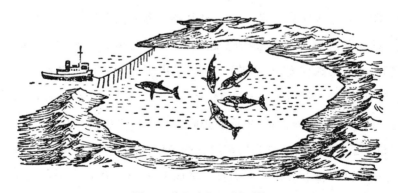

图97 海豚在相互"交谈"

或许,存在着某种共同的语言,为居住在各个海洋里的许多种海豚所共用。已经发现,巨头海豚(一种大海豚)能发放类似阿法林的声音。有一次,从养有巨头海豚和其他海豚的大贮水池中放水,使水平面降至 1 米。体长 6 米的巨头海豚搁浅后开始叫唤。在浅水里游动自如的较小的巨头海豚和他种海豚,马上聚而围住躺在水底上的大海豚。往往有这样的情况,如果海豚受伤,不能升到水面上呼吸空气,它就发出求救信号。这种信号似乎由两部分组成:起初吱吱声调升高,而后降低。附近的海豚听到此信号,立即前来抢救。最先赶到现场的海豚,首先把受伤的海豚轻轻推向水面,吸一口气后,蒙难者复又沉入水中。同时,拯救者和蒙难者用简单的吱吱声语言"交谈"着。

海豚的脑子是相当大的。从相对重量、大小和复杂性等方面来看,海豚的脑是很发达的。它的大脑半球主要由所谓灰质组成,为许多沟回所覆盖,其貌似核桃仁。所以,现在有人认为海豚比猴子还聪明,是海洋中的"智能动物"。在这方面曾有过许多报道。例如,1956 年,在某个海滨浴场附近,常常出现一只异常近人的海豚。这只海豚会玩球,让小孩骑在背上把他带到海里去游一阵(图 98)。它每天在洗浴的人群当中陪伴 6 小时左右,其余时间自己去寻找食物吃。

图 98 背着小孩的海豚

从古代开始,就有人记载海豚救起落水的人的故事。20 多年前,发生过这样一件事:一次,有位妇女在齐腰深的水里走着,突然被一股强水流裹挟而去;后来,她又出现在岸上。据目击者说,她是海豚救上岸的。这

107

可能是真实的事，然而还不知道原因何在。根据海洋动物学家的意见，海豚拯救妇女不过是一种玩耍动作：它喜欢推一下在水里发现的物体。人们曾多次发现，海豚在玩耍时怎样推动形形色色的物体，甚至浸在水里的床垫。

有人提出了一个应用海豚的巧妙办法：在飞行员的飞行服里装上带有海豚求救信号录音的小型发报机，如果一旦飞机失事飞行员坠落海上，放送这个录音便能招来附近的海豚，而海豚则能吓退凶恶的鲨鱼。这样，坠落海上的人就能避免鲨鱼的伤害。鲨鱼有很复杂的听觉器官，对一定频率范围的声音十分敏感。它对一些声音乐闻，而对另一些则厌听。利用鲨鱼的这个特点，有人正在研制能播送鲨鱼所厌恶的声音的小型装置，以供游泳者驱鲨之用。

另外，已经能训练海豚来照料人工饲养的海鱼。有实验表明，受过训练的海豚可参加水下救生，或给潜水员传送工具和信件。可以预料，海豚将协助人类征服海洋，特别是近海的开发。

海豚也能像鹦鹉那样模仿人的声音。有一种"频比声音鉴别器"，能记录、分类和保存海豚发的声音，也可以记录模仿海豚的人的声音。仪器能自动比较人和海豚发出的声音？指出它们的相同点。然后，再把人的这些声音重新放送给海豚听，试图与它建立某种形式的声音信号联系。一旦这种人-海豚信号联系建立起来，就可以训练海豚去执行复杂的任务了。

水 下 电 波

古代有许多神圣不可侵犯的动物，其中有一种鱼确实具有令人惊叹的本领。这种鱼叫作象吻鱼或水象（图99）。因为它的颌部延长为不大的鼻子，其貌如象。水象能"看见"眼睛看不见的东西，水象的这种神奇的本领究竟从何而来？无线电定位器的发明帮助我们揭开了这个千古疑谜。原来,在长期的进化过程中,水象已获得了惊人的器官——雷达!

图99　水象

人们发现,水象的尾部有个不大的"电池",它产生的电压是不大的,总共只有6伏,但这已经足够了。水象的无线电定位器,每分钟向周围空间发射80~100个电脉冲。"电池"放电产生的电磁波从周围物体反射回来,以无线电回声的形式重新回到水象那里。捕捉无线电回波的"接收机",位于水象的背鳍基部。这样,水象就像雷达那样"感知"周围环境的情况。水象生活在河湖底部,用长吻箍食淤泥中的昆虫幼虫时,常被自己搅混的泥水所包围,四周什么也看不清。船员们根据自己的经验都知道,在能见度不好的情况下,无线电定位器是多么的重要。水象好像也知道这一点似的。

"活雷达"并非只此一家,电鳗的尾部也有这种卓有成效的"电眼",其"蓄电池"的电压可达500伏。据研究,电鳗头上的小凸起是无线电定位器的天线,它们捕捉从周围物体反射回来的电磁波。活雷达的发射机位于电鳗尾端。这种鱼的雷达系统,能够查明进入其作用范围的是什么物体。如果是中意的食物,电鳗即迅速对准目标,启动自己的电器官,射以"闪电",并急忙吞下被放电击毙的牺牲品。

在底部有昏昏欲睡的电鳗置身的河流中,常有优美的裸背电鳗在水草丛中游来游去。它们的形状很怪:没有背鳍,也没有尾鳍,尾部只有赤裸裸的细针。这些鱼的行为也很不寻常,经常把尾针转向四面八方,好像是用尾部到处嗅嗅。在钻到漂浮的木头下面或河底洞穴之前,首先将尾部探入入口处,待探索获得肯定结果后,方才整个身子都钻进去。但不是头先钻,而是倒退着用尾巴探入(图100)。似乎这种鱼不太相信眼睛。原因很简单:人们在裸背电鳗尾针端上发现了水象那样的"电眼"。

不久前发现,电鲶虽然是"近视眼",却能在夜间猎食,因为它拥有强大的"蓄电池",能产生200伏的电压。有些生物学家假定,居住在海洋和淡水里的电鱼都具有"雷达"。当然,它们的雷达是不一样的(图101)。电鱼不仅用其电器官和电感受器来猎获食物,发现障碍,进行自卫,还用之于进行鱼群通信。电鱼放电波形、频率的差异,表征出鱼种、性别和年龄之不同,电鱼借此相互识别。这在生殖季节显得特别重要,否则就会"乱点鸳鸯谱"了。

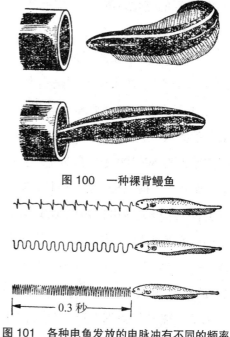

图 100　一种裸背鳗鱼

0.3 秒

图 101　各种电鱼发放的电脉冲有不同的频率

　　不仅是电鱼,即使没有明显电器官的七鳃鳗也借助肌肉中的电"探索"周围环境,寻找可供吸附的鱼。现已查明,七鳃鳗以某种方式在自己的周围创造出电场,并对进入电场的所有物体发生反应。七鳃鳗的反应随物体的导电性的不同而发生变化,因为物体的导电性不同,它们引起七鳃鳗周围电场的变形也不同。

　　还有些鱼既不像水象那样主动发射雷达波,也不像七鳃鳗那样自己创造电场,而是根据周围环境的电流来分辨食物和敌害,例如鲶、鲨、魟、鳝鱼就是这样。鲨鱼的电感受器是罗伦氏囊。它的底部有感觉细胞,以其电阻率很高的管道壁与皮肤上的小孔相通,管内充满电阻率极低的胶状物。鲨鱼身上有几百个这样的电感受器,开口朝着不同的方向。正是借助这些电感受器,鲨鱼才能准确地发现埋在沙子里的比目鱼——它产生的微弱电场把自己出卖了(图102中1)。如果用不透明但能通过电场的琼脂盒把比目鱼罩上,鲨鱼照样进行攻击(图102中2),但若再盖上一层绝缘的塑料薄膜,使电场透不过来,鲨鱼便旁若无物地游了过去(图102中3)。鲨鱼也"捕食"埋在沙子里的电极,如果它们创造的电场和比目鱼差不多的话(图102中4),即使旁边有一块食物,鲨鱼仍首先冲向沙里的电极(图102中5)。据研究,一个人在海水里创造的电场,几十厘米外的鲨鱼就能发现。人身上的伤口能显著增加电位梯度,即使很小的抓伤,也使人附近海水中的电位梯度加倍,而被1米外的鲨鱼检测到。或许,鲨鱼能感觉0.01微伏/厘米的电场,这相当于1节1.5伏干电池在1500千米长度上造成的电压梯度。

在解决水下通信和侦察手段的问题中,电鱼可以给我们一些启发。例如,我们可以创造一种像七鳃鳗检测电场变化的器官那样的仪器,根据人工电场的变化来发现敌人的潜水艇。

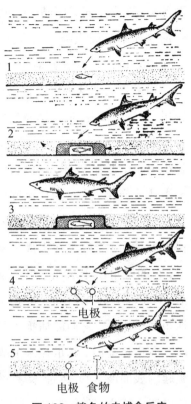

图102 鲨鱼的电捕食反应

表 面 水 波

夏天,我们在池塘和河湾里常常可以看到一种黑色的小甲虫,它们整天在水面上滑来滑去,仿佛人们在溜冰。如果你想凑过去看看,那么,对不起,当你的影子刚一接近,甲虫便拔腿溜走了。一场虚惊过后,它又在水面上愉快地兜圈子,好像没发生过什么事似的。这种甲虫,昆虫学上叫豉虫。

豉虫生活在水面上而不下沉,是因为有水的表面张力的维持。豉虫在猎食时,能发现水里和空中的目标。因为它的每只眼睛都分成水上和水下两部分,好像有四只眼睛——两只看水里、两只看空中自己感兴趣的目标。然而这还不是豉虫唯一引人注意的地方。更重要的是它的生活方式,使得无线电定位器设计者们对它产生了兴趣。

如果我们把这种甲虫捉来放在水箱里,并置于暗室中。我们将会发现,它们在黑暗中像在白天那样灵活。若将小甲虫的眼睛破坏,它的行为并不发生什么变化。这是为什么呢?人们发现,豉虫的触须(触角)的构造与其他甲虫不同。当豉虫在水面上兜圈子时,它的触角位于水和空气的交界面上,不高也不低(图103)。触角上密密地布满了刚毛,它们能捕捉水的表面波。豉虫运动时,其爪在水的表面上激起的表面波,以25厘米/秒的速度

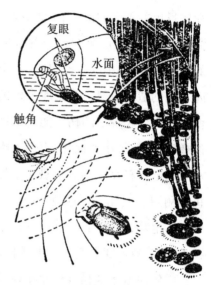

图103 豉虫

传向四面八方,这个速度超过了它本身的运动速度。当这种波的波长与水面障碍的尺寸比较相对小时,它能很好地被反射。豉虫能根据频率的变更发现反射波,并以闪电般的速度做出反应:转动身体,避开障碍。

若将豉虫的触角切除,再把它放在水面上,则其灵活性全部消失,像无头苍蝇一样,到处乱碰乱撞。人们进一步观察到:豉虫触角上的微小刚毛,在表面波的压力下,会偏斜十亿分之一厘米,其神经能将自己的位移报告给豉虫的脑子,从而使它得知周围环境的情况。

但是,豉虫怎样区别自己发出的表面波的反射波和水的其他波动(例如,落下的树叶和投掷的石子激起的水波)呢?这个奥秘尚待人们去探索。特别值得注意的是,人类迄今还没有创造出与豉虫的定位系统完全相当的仪器。

与豉虫相反,有一种仰游蝽则只感觉小物体落水激起的表面波。用带

有振动线圈并与水面接触的放大器查明,这种昆虫能发现直径1米范围内的落水物体,并迅速确定小物体的落水方向,定向转动身体对准目标扑过去。这就是它捕食小虫子的办法。仰游蝽的中间一对腿,和躯干后端的刚毛都参与了水面波的接收和确定食物的位置,其振动感受器对频率为20~100赫兹的水波十分敏感。

第五章 生物化工

蜘蛛和人造丝

在一个角落里，蜘蛛张起大网静候着猎物的到来。忽然，一只漫不经心的飞虫撞到了网上，蜘蛛便闻讯赶到"出事"地点。

其实，飞虫没落网前就可能受到了蜘蛛的监视。蜘蛛腿上有若干"音响探测器"——裂缝形状的"耳"，它们能感知20~50赫兹的声音。在这些裂缝里，有接受不同频率声音的神经末梢，它们各传递不同的脉冲信号。昆虫飞行的"营营"声被"耳"听到，蜘蛛就知道：将有美味到嘴！

飞虫一落网，就被蜘蛛脚上的振动感受器发现了。蜘蛛在跑向昆虫落网地点时，它感受振动频率的灵敏度不断受到调节，使其只感觉飞虫引起的振动。

蜘蛛的腿也很特别，里面不是肌肉而是一种液体，蜘蛛能使其中的液体压力剧增或锐减，因此它的8只"液压腿"仍能进退自如。搞清这种调压的原理，便可帮助人们去寻找一种调节人体血压的方法，从而使高血压病得以治疗。现在，模仿蜘蛛腿制造的"步行机"正在进行试验，以期能为瘫痪病人制造出新式的车椅。

当蜘蛛跑到飞虫落网的地点时，它那像喷壶样有许多小孔的丝囊便喷出许多丝，很快就将这个"自投罗网"的飞虫捆缚住（图104），然后用毒牙把猎物麻醉，饱吃一顿美餐。有一种带蜘蛛在产卵前编织卵袋时，更显出其独特的纺织才能。这时，它的丝囊时而喷出白丝，时而喷出红棕色丝，一会儿又喷出深褐色或黑色的丝。研究了蜘蛛的这套本领，人们才发明了人造丝（图105）。但是，带蜘蛛的这种彩色造丝法在丝织业中至今尚未开始应用。

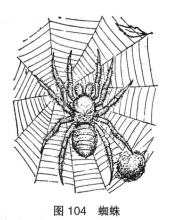

图104　蜘蛛

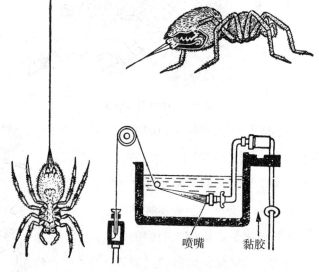

喷嘴　黏胶

图105　蜘蛛和人造丝

蜘蛛网是自然界里独一无二的悬索结构，蛛丝虽细，但承受的张力可达3克重。所以，按蜘蛛网结构建成的桥是生物建筑学的重要成就之一。蜘蛛丝的主要成分是蛋白质，由于它呈酸性，且含有杀菌物质，于真菌生活不利，故不易发霉。蜘蛛丝含有吸湿性吡咯烷酮，所以尽管风吹日晒，蛛网仍保持一定的黏着力，使小飞虫一粘上就无法逃跑。或许，蜘蛛丝的这些性质对改善丝织物的性质、改进人造丝工艺会有所启发。

有些小动物,虽然不能像蜘蛛那样产丝,但却别有一招鲜。它们能生产"化学武器",包括醋酸、氢氰酸、柠檬醛、醌等这样一些有毒或刺激性的化学物质。在它们一旦受到惊动时,便把毒液喷射出去,有的还夹杂着血液,甚至连披"盔甲"的犰狳也望而生畏(图106),拔腿便跑。有的是在危险的时候,把有毒的血滴布满身上,显出一副血迹斑斑相;有的则是穿上花里狐臊的"警戒服",似乎在警告那些嘴馋的鸟:瞧,我可不是好惹的!

图106　小甲虫和犰狳

其中有一种小昆虫,叫气步蚱(图107)。它体内有两个腺体:一个生产对苯二酚,另一个生产过氧化氢,平时它们分别贮存在两个地方。一旦遭到侵犯,气步蚱便猛然收缩肌肉,使这两种化学物质进入前面的反应室里。在这里,过氧化氢酶分解过氧化氢,放出分子氧;在过氧化物酶的作用下,对苯二酚则被氧化成醌。由于这些反应放出大量热,在气体压力下喷射出来的醌水混合物达到了沸点,发出噼里啪啦的爆炸声,并形成一小团烟雾。对手哪经得住这一威吓,早退避三舍了。

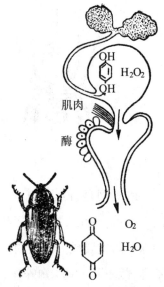

图107　气步蚱和它的化学武器

高浓度的过氧化氢很难保存,它极易分解而发生爆炸。但气步蚱体内虽有这种"危险品",却仍能安然无恙,这就为我们解决过氧化氢的保存问题提供了线索。

多足纲里有一种动物,在体内"武器库"中贮备着扁桃腈这种化学物质。在遇到危险时,肌肉一收缩,就把这种物质推入前面的"反应室"里。在这里,扁桃腈被酶分解成氢氰酸和苯甲醛,它们以蒸汽形式喷射出去。氢氰酸是剧毒物质,这种动物一次喷射出来的氢氰酸就足以将几只老鼠毒死。

在水上生活着一种颈部很细的小甲虫,它的胃腺能分泌一种清净剂一类的液体。这种液体喷出体外时引起的水面波动,能使它以快速向前推进,即起"喷气助推器"的作用;这种液体又能使甲虫后面的水表面张力消失,因而使追击它的水面"敌人"陷没水里,遭到灭顶之灾。在这里,动物的推进系统和防卫系统得到了统一。

特种黏合剂

茗荷儿,又名石砌、藤壶,是一种海洋甲壳动物。它生活在近岸地带,固着在峭壁上,故能经得起海浪的猛烈冲击(图108)。它也常固着在船身上,致使船速变慢,所以必须设法防除。几年前,人们在研究船身的抗附着生物的材料时,开始对它产生了兴趣。

原来,这种小动物在成熟初期,能分泌一种黏液,以把它终生固定在一个地方。黏液把它固着得非常牢靠,以至于要把它从船壳上除掉

图108　固着在峭壁上的茗荷儿

时，往往会把钢屑也带了下来。因此，人们预料，这种黏液必然会有许多用途，所以便着手进行分析研究和人工合成。

现已用特殊的薄层色层分析法鉴定，茗荷儿黏液由 24 种左右的氨基酸和氨基糖组成。据估计，类似茗荷儿的"特种黏合剂"，可在最近几年内合成。据称，这种黏合剂适用在 0~205℃ 的温度范围内，且具有很高的抗张强度。因此，用来粘接建筑结构单元，可以说是"超级水泥"。同样，也可用于造船和机械制造业，甚至航天。进行电气安装时，有的电子元件不耐热，不宜焊接，但用这种黏合剂可说是理想极了。海员们都知道，船漏了是难办的，特别是油船，补漏一直是个棘手的问题。但有了这种黏合剂，只要 5~10 分钟的时间，便可在水下将钢板粘在漏洞和裂缝上。

这种黏合剂与现在的几百种黏合剂比较，还有一个优点，即不一定需要"清洁而干燥"的表面，它能粘接除铜和汞外的任何东西。这一点在医疗上也是很有用处的。因为现在虽已制造出用来止血和代替手术线的黏合剂，但类似茗荷儿黏液的黏合剂将更加优越：如果皮肤划破了口，像粘接纸一样，用它一粘即合，你看多好啊！

此外，人们发现海洋动物海盘车也能分泌特殊的黏液，以帮助它栖息在水下岩石上。在弄清这种黏液的化学成分后，人们也将会模仿合成新型的黏合剂。

鳄鱼淡化器

古老的传说讲，鳄鱼在吞食牺牲品时总是流着悲痛的眼泪。所以，早就有了众所周知的谚语："鳄鱼的眼泪"（图 109），并常常用这句话来形容那些伪君子。近年来的研究发现，鳄鱼的"泪水"是很丰富的，但这并不是怜悯，也不是多愁善感，而是排泄出来的盐溶液。鳄鱼"眼泪"秘密的揭示，是近年来生命科学的一个发现。我们知道，有些动物的肾脏是不完善的排泄器官。为了从体内排除多余的盐类，它们就发展了帮助肾脏进行工作的特殊腺体。对于鳄鱼来说，这种排泄盐溶液的腺体正好位于眼睛附近，所以当它们吞吃牺牲品时排泄盐溶液，竟被误认为在淌"痛苦"的眼泪了。

图 109　鳄鱼的眼泪　　　　　　　图 110　海龟

巴西的印第安人说，把海龟捉到陆地上，它会痛苦地哭泣，似乎海龟怀念业已离开了的"故乡"（图 110）。有人对海龟进行了研究，在它们身上也同样发现了鳄鱼那样的盐腺。此外，海蛇和海蜥蜴也有类似的盐腺。

许多海员也常常看到，一些海鸟如海鸥、信天翁和海燕等，把海水喝进去再吐出来（图 111）。后来，科学工作者在它们的眼睛附近找到了盐腺。盐腺排出的盐液经过鼻孔流到鸟喙，又从喙尖上滴落下来，看上去好像是喝了又吐出来。

这些动物的盐腺构造差不多一样：当中有一根管子，向周围辐射出几千根细管，好像洗瓶刷子那样。这些细管与许多血管

图 111　海鸥

交织在一起，它们把血液中的多余盐分离析出来，经过当中的那根管子排

119

到身体外面去。盐腺除去海水中的多余盐分，动物得到的是淡水。所以，盐腺是动物的天然"海水淡化器"。

海员们都知道，海水是不能喝的，因为越喝越渴。为了在海洋上远航，船舰上必须载大量淡水，这样就使船只的有效负荷下降。当然，也可以装上海水淡化器，但目前这种设备还嫌其结构复杂，费用昂贵，而且效率低，不能根本解决问题。何况海上遇难者既不可能随身携带淡水，也不可能背上目前这种海水淡化器，这样就使海上遇难者的喝水问题遇到极大困难。如果我们能模拟上述动物那种体积小、重量轻、效率高的海水淡化技术，那么，肯定会使海水淡化的研究别开生面！

生物不仅能弃其所余，例如排出过剩的氯化钠（食盐），而且还能取其所需，浓集某些元素和离子。海参血液中有10%的钒，一些海藻（例如海带）的含碘浓度是海水的10万倍；海蜗牛是铁的贮藏库，大海虾和某些软体动物则是铜、镍、锌、锡、铅的收集者。这些生物的金属浓集设备非常小巧，耗能极少，但却能把海水中的宝藏不动声色地攫为己有，实为技术之楷模。

采矿业和冶金业的主要任务，是从某些化合物中提取人所需要的元素。为此，人们虽然付出了艰巨的劳动，消耗了很多能量，还是往往把所提取元素的10%随同矿渣一起抛掉了。特别是，有些金属并不形成矿床，而处于分散状态；不少聚集成矿床的金属，例如铁，被人开采冶炼后，又在人的使用过程中被分散在各地，在那里氧化生锈。因此，随着时间的推移，提取分散状态的元素的方法越来越需要进一步加以完善。在这方面，植物仿生学可能于此有所助益。大家知道，植物的根系是"采矿"里手，能从土壤里吸收几十种化学性质和物理性质极不相同的分散元素，而且这个过程是在常温常压下进行的。如果人们能研制出类似的"自动根"，以便从岩石或土壤里提取人所需要的元素，那就会根本改变采矿业和冶金业的面貌。

细胞化工厂

动物、植物和细菌的活细胞是一个特殊的化工厂。在亿万年的漫长进化过程中,这些活细胞获得了一种令人惊异的本领,这就是它们能合成生命活动必需的一切物质:从最简单的甘油和醋酸,到诸如蛋白质、核酸、维生素、抗生素和激素这些复杂的物质。在活细胞里生物合成的经济性和有效性,是十分惊人的。例如,由缬氨酸开始,直到血红蛋白肽链的合成,在活细胞中,整个过程好像拉链一样,新的氨基酸分子以每秒钟2个的速率加到肽链上去;这样,合成一条150个氨基酸的肽链仅仅只需要1分半钟!

研究活细胞内的有机合成,给了人们很大的启示,这就是有成效地借用这些天然物质的结构,或个别生化反应原理和整个生物合成路线。

早在19世纪,人们就学会了从植物中提取颜料、药物和许多其他有用的物质,例如植物碱吗啡(止痛剂)、奎宁(抗疟疾药)、毛果芸香碱(抗青光眼药)和利舍平(抗高血压药)等。但是,人们并不满足这种简单的提取,许多重要的生物碱、维生素、激素和抗生素的人工合成法接着问世了,它显示出较大的优越性。在某些场合下,人工合成的产物,例如维生素 A、维生素 C、维生素 B_1、维生素 B_6、维生素 H 和抗生素左旋霉素等,都比天然产物更加理想。

研究在活细胞内合成的某些物质的结构特性,使人们发现了一条寻找具有同样或更高的生物活性的化合物的途径。例如,在天然生物碱及其人工模仿物(图112)中,其结构似吗啡分子骨架的纯合成制剂普罗美多,比吗啡就具有更高的止痛作用,改变和简化毒扁豆碱(眼科用药)和管箭毒(松弛肌肉用药)分子,人们合成了高活性的模仿物,特别是十烃溴铵。这里,模仿物与其天然物质的相似,不仅表现在纯结构上,而且也在生物活性中反映出来了。

121

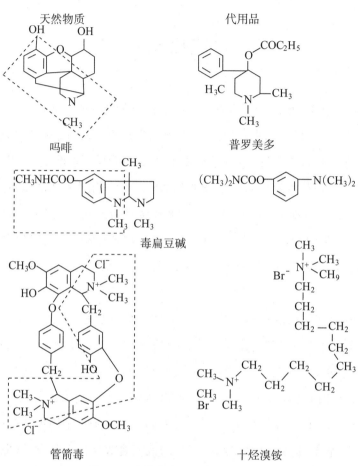

图 112 天然生物碱及其人工模仿物
（被模仿部分用虚线框出）

在纯化学条件下重现个别生化反应的例子也是不少的。例如，我们知道，在肾上腺皮质里合成一种有效的生物调节剂——在新陈代谢过程中起重要作用的氢化可的松，这种有机化合物人们早已能够人工合成，但这是一个复杂得多步骤的途径。其中最困难的一步，是把羟基引入类固醇分子的第 11 位。对此，一些微生物活细胞却有一套极好的解决办法。细菌细胞能氧化类固醇分子的第 11 个碳原子，它能把不含羟基的 17-羟-11-去氧皮质酮直接转变为氢化可的松。微生物在氧化酶参与下进行的这种反应使化学工作者大吃一惊的。首先是在于它丝毫不触动不活泼的、空间上难以到达的第 11 个碳原子。从现代有机化学的角度来看，未必能预言类似的反应。微生物的这一宝贵启示，使人们在纯化学条件下终于完成了这个反应。当存在维生素 C 和二价铁盐时，在氧的作用下，不用酶即合成了氢化可的松（图 113 上）。

在合成类似管箭毒的含有"氧桥"的化合物时，人们应用了天然酯键形成的原理，这就是基于 RO·基和苯核的相互作用的原理。结果超出人们最大胆的设想，用普通的化学试剂——赤血盐〔$K_3Fe(CN)_6$〕代替氧化酶，成功地将两个相同的部分一步"缝合"成了模仿物分子，而且产量是很高的（图 113 下）。

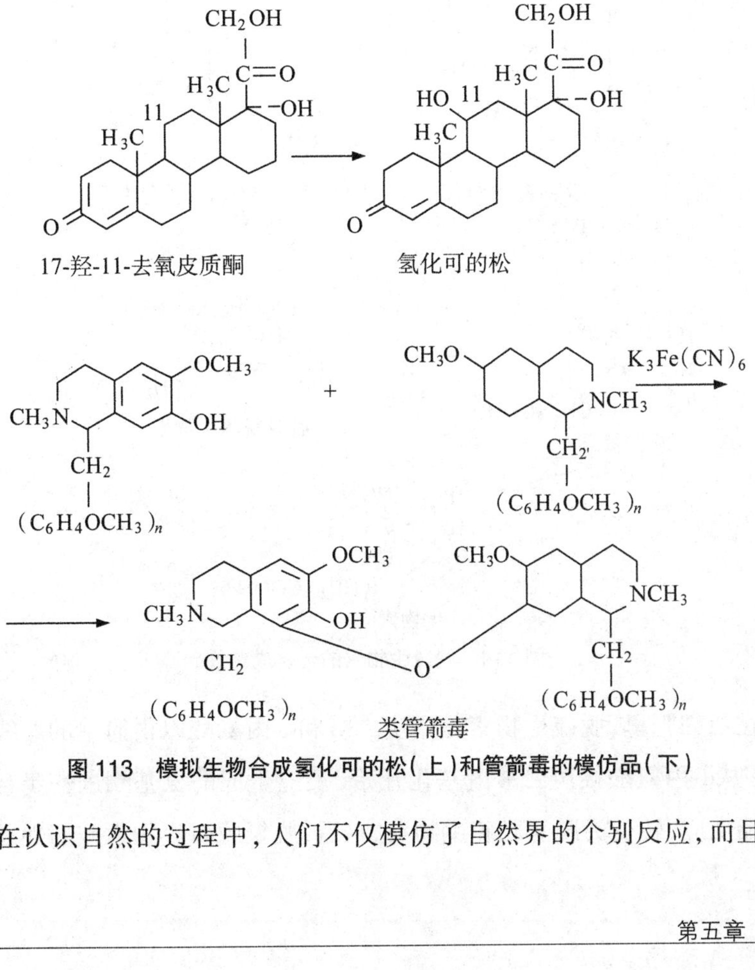

图 113　模拟生物合成氢化可的松（上）和管箭毒的模仿品（下）

在认识自然的过程中，人们不仅模仿了自然界的个别反应，而且还成功地模仿了整个合成路线。人工合成橡胶就是如此:人们在自然界的启示下,利用了热解异戊二烯形成的碎片——CH₂C(CH₃)＝CHCH₂——有规律地重复合成路线。近年来,我们关于天然化合物产生途径的知识大大扩展了,在合成有机化学中广泛应用生物化学原理的问题也就显得更加重要了。全合成脱硫生物素(图114)就是其中的一个重大成就。

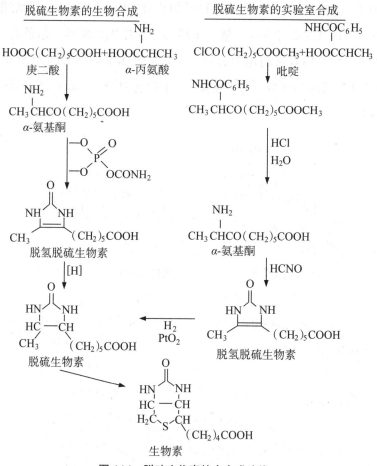

图 114 脱硫生物素的全合成路线

在活细胞里,脱硫生物素是用庚二酸和α-丙氨酸以很简单的路线来合成的:从α-丙氨酸被庚二酸酰基化开始,反应生成的氨基酮进一步与氨羰膦酸酯反应,转变为脱氢脱硫生物素,最后,脱氢脱硫生物素被酶促还原为脱硫生物素。现在，这一简单的生物合成路线，可以不用酶的参与，而借助纯化学的方法进行重复了。把庚二酸和α-丙氨酸转变为有相应反应能力的衍生物，它们在吡啶环境中很容易发生反应，所生成的脂类被盐酸水解成α-氨基酮。后者与HCNO发生反应，生成的脱氢脱硫生物素用铂作催化剂氢化后，即能获得我们需要的生物素。

当然，有时人们在自然界的启示下，还能合成自然界没有的物质。例如，已经合成耐受4000℃高温的树脂，这是人类智慧的成果，是自然界所无与伦比的。

蛋白质和核酸是重要的生命物质。早在100多年前，恩格斯就指出："生命是蛋白体的存在方式"，100多年来的科学实践，特别是近十几年来分子生物学的发展，证实了恩格斯的光辉预见。1965年，我国科学家在世界上首先全合成了结晶牛胰岛素，开辟了人工合成蛋白质的新纪元。1971年，经过继续不懈的实验研究，我国科学家成功地完成了结晶猪胰岛素2.5埃分辨率的结构分析工作。1981年，我国科学家在世界上首次人工合成酵母丙氨酸转移核糖核酸。这说明了我国在分子生物学这一重要科学领域内已有所突破。

核酸是遗传的物质基础，是遗传信息的载体。现在，已经合成了有特定核苷酸顺序的去氧核糖核酸（DNA）片段——基因，这是按照人类的意图控制和改造生物的一个良好开端。

模 拟 酶

早在4000多年前，我国劳动人民就掌握了酿酒技术，其中所用的酒曲，起的就是催化剂的作用。催化剂能大大促进化学反应的进程。现在，许多基本化学工业、食品工业和制药工业都用到它。没有它，整个化工行业的生产就成了空中楼阁。

目前，工业上用的催化剂一般是金属和它的氧化物、络合物等。在食品、制药等工业部门，还应用另一类生物催化剂——酶，它们是从生物体里提取出来的。

在生物的一个活细胞里，可以同时发生 1500~2000 个化学反应，这些反应都是由酶来加速和调节的，它们构成了新陈代谢的物质基础。据推测，一个活细胞里含有几千种酶。现在已经知道的酶大约有 1000 多种，它们无例外地都是蛋白质。

酶比无机催化剂效率高，选择性强。例如，过氧化氢酶只催化过氧化氢的分解反应，对其他任何反应都不发生作用，像一把钥匙开一把锁一样。同时，1 个过氧化氢酶分子 1 秒钟能分解 1000 万个过氧化氢分子，效率比无机催化剂高出许多倍。因此，不仅工业上采用的酶促反应日益增多，在分析化学上也越来越多地应用酶的反应。例如，现在测定工厂车间空气里有机磷杀虫剂的浓度，每次分析都要采取 400~500 升空气，而且用于分析的时间很长。而我们知道，有机磷杀虫剂是胆碱酯酶的强力抑制剂，因此可以用这种酶进行有机磷杀虫剂的快速微量测定。

但是，要在工业和其他部门大量使用酶作催化剂，必须要有上百千克的储备。由于生物细胞中酶的含量很少，提取和纯化手续很复杂，所以人们很难得到这么多的酶制剂。因此，目前工业上应用的酶只是那些容易得到的。对其他许多难以得到的酶，应用到工业上去的唯一办法，就是对它们进行人工模拟。

严格地讲，要用非生物学方法完全模拟酶是很困难的，因为酶的结构十分复杂，它的作用也不是孤立的，而是相互联系的，是生物机体的一部分。当然，随着对酶的认识的深入，我们就能在模拟酶的功能方面取得新的进展。最初，只是模拟酶的活性，于是产生了由金属胶体溶液构成的酶模型。然后，人们或多或少地搞清了含金属的酶的"二重"结构，便出现了由具有催化作用的活性络合物组成的各种活性基团模型。在许多情况下，这些络合物可以固定在各种载体（包括蛋白质）上，从而得到了更类似酶的系统。在模拟酶的一个或几个方面时,通常会发现酶的一些新特性,它们又鼓舞着人们去模拟这些新的方面。在生物催化系统中,催化剂作用的物质分子是以适当顺序排列在一定载体上的。人们由此得出结论:如果参加化合的分子位于相应的载体上,诸如聚合过程这样一些反应,将以巨大的速度进行。对于生物催化剂,若改变其载体的特性,可在很大范围内改变催化剂的专一性。模拟生物催化剂的这个特性,就可望在工业上达到自然界所取得的活性基团的经济性,这可说是一个新的和大有前途的领域。

在生物系统中,酶有个重要的特性,即许多种酶联合为一个酶系统,并协同地起催化作用。此外,在这些系统中存在着调节机构,能改变酶本身形成的速度,并影响它们的活性,以使反应进行的速度恰到好处。可惜在技术中,迄今还没有具有协调作用的催化系统。毫无疑问,它在精细的化学工艺过程中将会发挥巨大作用。生物催化剂还有一个性质(或许应叫作基础性质),即所有生物催化剂如同有机体其他组成部分一样,都在不断地产生和分解着,这种性质使得生物结构具有特殊的稳定性。这样,它就能抵消破坏酶的任何因素的影响。此外,在酶的催化作用中,蛋白质分子的变形亦具有重要作用,这种所谓的"变构现象",将使酶的催化性质得以改变,以更好地达到调节生化反应的目的,使之有利于有机体的生命活动。模拟酶的这个性质也是有益的,它使我们能满意地保持催化系统的最大催化能力。

酶是由大分子蛋白质和小分子辅助部分(辅基)组成的,所以,研究模拟酶,目前主要从这两部分入手。例如,某些有机化合物(抗坏血酸、连苯三酚)的氧化,现在用 Fe^{++}、Cu^{++} 和 Co^{++} 同胺的络合物作为酶模型。络合催化剂在聚合物化学的发展中起着重要作用,因为利用它们在不高的压力下能卓有成效地进行烯烃的聚合过程。有关利用二氧化碳的合成过程以及化学加工乙烯的大多数过程,都已应用了络合催化剂。另一方面,由于制取和分离所需长度和指定结构的大分子的方法的发展,把各种基团引入合成的大分子,并使之排列成一定顺序的化学方法的日臻完善,使人们可以赋予非肽链聚合物以生物聚合物的某些重要性质。换言之,人们可以创造在活性和选择性方面按酶或接近酶的原理工作的聚合物催化剂。这是所谓"分子仿生学"的任务之一。这方面的第一批成果,目前还只是在实验里取得的;但可以预料在不远的将来,人们对研究有机化学、合成高分子化合物的物理化学和酶学的兴趣,将有明显的增长。在这方面也已出现了可喜的进展:不久前,科学工作者合成并详细研究了脂类水解的有效的聚合物催化剂,其产生和分解行为可与α-胰凝乳蛋白酶进行类比。这种催化剂是不完全 N-烃化的聚-4-乙基吡啶。

对酶的深入研究发现,简化酶结构和在一定范围内减小蛋白质链的长度,并不影响酶的活性。例如,将木瓜蛋白酶的分子减小 70%,仍不失其活性! 这说明酶的活性中心——催化过程发生的地方,是大分子化合物的某一小部分。这就意味着,即使我们不能模拟酶的全部结构和功能,如果能建造酶的活性中心,那么,我们至少也能成功地模拟某种酶。

两个酶模型

在研究生物催化剂模型时,大家往往喜欢研究过氧化氢酶的模拟。这是因为:第一,这个酶分布很广,在动物的肝、肌肉、血液中,在植物(胡萝卜、马铃薯、芜菁等)的组织和果实中都有发现。只要把这些物质放在过氧化氢溶液中,便能发现明显的现象:过氧化氢分解并放出氧气泡。第二,过氧化氢酶是活性很强的酶,1 个酶分子 1 秒钟能分解 1000 万个过氧化氢分子。除蛋白质载体外,这个酶含有被深入研究过的铁化合物——亚铁血红素,两者结合成紧密的络合物。自然,这个酶的模型也应该是络合物。人们发现,铜(Cu)的某些络合物,特别是它与二元胺的络合物具有非常高的活性:

$$\begin{array}{c} CH_2-NH_2 \diagdown \diagup NH_2-CH_2 \\ CH_2 \qquad\qquad Cu \qquad\qquad CH_2 \\ CH_2-NH_2 \diagup \diagdown NH_2-CH_2 \end{array}$$

它的催化效能比简单的铜离子高 100 万倍。铁与三乙氨四胺的络合物也具有很高的活性,约比简单的铁离子高 100 多倍。其次,用一般高分子代替蛋白质作载体,比如用碳的大分子晶体石墨吸附铁离子,即能大大提高分解过氧化氢的能力。此外,小分子金属氧化物、硫化物等也能起载体作用。

过氧化氢酶的作用方式,是先与过氧化氢形成中间产物,然后再分解:

$$H_2O_2+酶 \Longleftrightarrow 酶 \cdot H_2O_2$$
$$酶 \cdot H_2O_2+H_2O_2 \longrightarrow 酶+2H_2O+O_2\uparrow$$

络合物(特别是铜的络合物)模型试验资料指出,这些模型起催化作用时,也是形成中间产物而不是自由基。因而,在这方面,模型和酶的作用原理有一定的相似性。

另一个例子是固氮酶。近十几年来,对固氮酶的生物化学研究和化学模拟,已有了迅速的发展。大家知道,空气成分中有 4/5 是氮气;1 平方米土地上面的空气柱中,约含 8 吨氮气,它相当于 40 吨硫酸铵肥料!但可惜的是,高等植物不能直接利用空气中的氮气作养料,而要通过一些眼睛看不见的微生物把氮变成氨,才能被植物吸收利用。这些微生物叫固氮微生物,例如大豆根上的根瘤菌。固氮微生物合成氨的过程,是在常温常压下,以极高的速率进行的。但工业上合成氨,则需要用铂作催化剂,300 个大气压和 500℃的高温,而且合成效率也很低。由于氨是基本化工原料,所以生物固氮的模拟成功,将对化学工业产生深远的影响。

空气中的氮气是很不活泼的、不易与别的元素化合的物质,但在微生物体内却以惊人的方式和巨大的速度进行着反应,最后转变为蛋白质的成分,这是因为有固氮酶参与的缘故。这种固氮酶在常温常压的人工实验条件下,当一种高能物质三磷腺苷(ATP)存在时,即能催化氮还原为氨:

$$N_2 + AH_2 + ATP \xrightarrow{\text{固氮酶}} NH_3 + A + ADP + Pi$$

式中 AH_2 是一种供给氢的物质，ADP 是二磷腺苷，Pi 是无机磷酸根。

固氮酶主要有两种成分：一种含铁，叫铁蛋白；另一种含钼和铁，叫铁钼蛋白。铁蛋白和铁钼蛋白以 2∶1 的比例结合起来。每种成分又各由两个亚单位组成。

最近几年来固氮生物化学的研究，使我们完全改变了关于分子氮的化学观念。第一，发现在钛、钒、铬、铁、钼化合物存在时，在强还原剂（金属、金属氧化物、有机金属化合物）的影响下，氮能进行还原反应。这个反应的产物，主要是复杂的氮化物，它们水解时生成氨。第二，发现了氮具有形成络合物的能力。有人指出，在四氢呋喃溶液中，$RuCl_8$ 和 $RuOHCl_3$ 被锌还原时，氮与二价钌（Ru）结合形成络合物。以后又发现，氮可以与钴、铁、锇等元素络合。在很短时间内，人们用与氮直接反应和其他间接方法获得了几十种不同的氮络合物，其中某些络合物非常稳定。除了单核络合物外，也发现有的络合物中有两个金属原子与氮连接。已知的氮络合物的构造，类似有机的偶氮化合物及羰基。有趣的是，络合物的形成可以发生在"生物学条件"下：在有水和氧时，并在诸如 Na_2S_2、Na_2S 和 $TiCl_3$ 这样弱的还原剂的作用下。

固氮酶的化学模拟，是选取 Ti^{+++}、Cr^{++}、V^{++} 等作还原剂，以从水中释放出 H_2；用钼化物作催化剂，使氢和氮结合生成联氨和氨。看来，反应是在生成的氢氧化物表面进行的。按照观察到的许多特征，此系统与固氮酶有一定的相似性，特别是与酶促固氮类似，钒化物可以代替钼化物作为氮的催化剂。此外，与酶促固氮一样，加入镁盐有强烈的活性影响。自然，也观察到一系列区别，特别是生物酶促反应的产物只有氨，而不是对活机体有毒的联氨。看来，在酶促反应中，N_2H_4 将进一步被还原，而没有从络合物中释放出来。在模型系统中，在室温和氮气（用纯氮气代替空气）中，几秒钟内即可使联氨产量达 10%~20%，当提高温度时便放出氨，其速度接近生物的固氮速度。这个结果只是个例子,说明当我们接受自然的启示时,往往能发现新的、有时颇为惊人的化学反应,为工艺改革提供新的途径。

生物膜技术

显微镜是人眼的延长,它使人类的眼睛洞幽入微,发现了一个惊人的微生物世界,同时也使人们看见了生物体的结构和功能单位——细胞的形貌。现代电子显微镜已能使人亲眼看见几埃(1埃为一亿分之一厘米)大小的细胞的细节,甚至连去氧核糖核酸(DNA)、核糖核酸(RNA)、多糖和某些蛋白质分

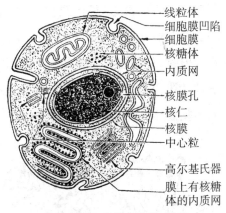

图 115　细胞的结构模式图

子也变得清晰可见。这样,细胞那复杂而有序的结构便展示在我们眼前(图 115)。

人们发现,细胞也有"皮肤",这就是把细胞与外界环境隔开的细胞膜。在真核细胞(已出现了细胞核)内,还有一套细胞器形成的细胞内膜系统。这些膜和腹膜,肺泡膜等复合膜一起统称为生物膜。当前,生物膜已成为现代生物学的重要研究课题。同时,模拟生物膜的人工膜,也已在医学和工业部门得到越来越广泛的应用。

细胞的膜含有大量脂类,特别是磷脂,并以此区别于细胞的其他结构。它们的蛋白质含量也很高。此外,细胞膜还含有糖、金属离子和水,有时还有胆固醇。用电子显微镜观察高锰酸钾固定的切片,可以看到膜由三层构成:两条暗带夹一条亮带,像是"夹心面包"似的。有人设计了一种膜结构的模式图,两侧为蛋白质层,中间是脂类双分子层,脂分子宛如两排蝌蚪,

131

其疏水(难溶于水)的"蝌蚪尾巴"相向,而其亲水(溶于水)的"蝌蚪头"朝向两侧的蛋白质层。整个厚度为75埃,其中脂层35埃,每层蛋白质厚20埃。这种膜结构被称之为基本膜,也就是著名的"单位膜"(图116A)。红细胞膜和髓鞘膜固定后有单位膜结构。而其他膜,例如光感受器的膜、线粒体膜和内质网膜等,类似单位膜,但上面还可看到球状或多面体状的颗粒。在另一种膜模型中(图116B),蛋白质分子成球状,脂类分子的"蝌蚪尾巴"则见缝插针,插入蛋白质链的空当,形成疏水作用大的脂蛋白复合物;它们的极性(即带电)端朝外与水相互作用,因此,这种结构比单位膜稳定。但是,最稳定的要算第三种膜模型了。在这种模型中(图116C),脂类和球状蛋白质交替镶嵌排列,脂的疏水"尾巴"和蛋白质的非极性氨基酸残基不接触水,与水相互作用的是脂的亲水"头"和蛋白质的离子残基。

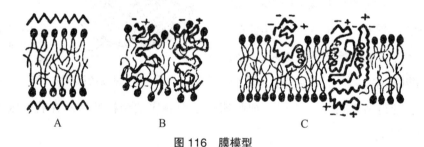

图116　膜模型

关于膜结构的这些知识,目前,人们只是从经过特定处理的"死"膜的研究中获得的。在活细胞里,膜是经常变化的,根据生物化学和生物物理过程的需要,它时而出现,时而又消失得无影无踪。膜的代谢速度是很快的,几乎每小时可达100%。

膜是细胞的空间骨架,构成细胞干重的70%~80%。膜使细胞内的物质排列有序,使很多细胞生理过程进行得有条不紊。在神经脉冲传导、细胞间通信、物质运输、能量转换、遗传信息的翻译和转录、分化、免疫、癌发生以及运动、分泌和排泄等功能中,膜都起着相当重要的作用。例如,神经脉冲要通过突触膜才能传给下一个神经元;而有髓神经脉冲的跳跃式传导,靠的是神经纤维髓鞘膜的良好绝缘性能。

细胞膜对各种物质的通透性不是"一视同仁"的,而是有所选择:对有些物质"大开绿灯",使之顺利地进入细胞,对另一些物质则"禁止通行",把它们阻留在外面;或将一些物质留在细胞内,而把另一些物质分泌、排泄出去。在这里,膜调节着细胞内外物质的进出,对参与细胞内全部活动的物质成分进行着主动而又严格的"海关检查"。由于细胞膜含有大量脂类,所以物质通过膜的速度与其在脂类中的溶解度有关。或许,细胞膜上有许多小孔,允许极性分子和离子通过。只要某种物质在膜两侧的浓度不同,这两种被动式运输可能以扩散方式进行。较复杂的是主动运输,它们需要消耗一定的能量。在简单的主动运输中,一种物质的移动是单独进行的。但也有一些复杂的主动运输,如肠上皮细胞摄取一些氨基酸时,有机分子和钠离子是一起进入细胞的。又如,在某些场合,钠离子的运动是伴随着钾离子的反方向移动的。近来在细菌身上又发现一类运输——磷酸化运输。这些细菌在摄取碳水化合物时,把它变成磷酸的衍生物然后转入细胞内。

生物膜的功能是多种多样的。模拟生物膜制造工业上需要的人工膜已成为一门新工艺——膜技术。分离液体混合物,咸水和海水淡化,污水处理,气体分离,分离、净化、浓缩某些物质等,都需要用有特定性质的人工膜。

人工膜形形色色,品种繁多。有一种超过滤膜(与通常的过滤膜相比,孔要小得多,可用来筛选分子),其上有一定大小的孔,它允许溶剂和低分子量溶质通过,而阻留高分子量的溶质。这样,就能根据分子大小把溶剂和溶质,或多成分溶液中的不同溶质分开来。从发酵液或培养液中提取药物和酶,从食品和饮料加工废液中获得价值高的副产品,或减少有机物质对水的污染,都需要使用超过滤膜。因此,各种酶制剂应用的增长,是与膜技术的发展密切相关的。

一般渗透膜是浓度低的溶剂向浓度高的方向渗透,另有一种逆渗透膜却能反其道而行之。用这种逆渗透膜可以把水与溶解在其中的盐分开。由于溶液的渗透压很大(例如海水渗透压约 70 克/厘米^2),所以对溶液施加的压力必须超过渗透压,才能迫使水离开高浓度溶液,通过膜到它的另一侧去。用这种逆渗透膜淡化海水,需要的能量就比其他方法低得多了。

离子交换膜用来从溶液中分离电解质,或把电解质与非电解质、强电解质与弱电解质分开,也可能把强酸或不易分离的盐分开。有一种离子交换膜能通过一价离子,而对二价离子有较低的通透性,这种膜已用来浓缩氯化钠(食盐)。这样,海水的浓缩过程就能以工业规模来进行了。

人工膜一般是醋酸纤维素膜、赛璐芬纸膜、铜芬纸膜等。有一种用二甲基硅做成的半透膜的气体含量计,可用来测量河、湖和水库水中溶解的气体量。具体的做法是用二甲基硅膜做成长 15 米、内径 0.3 毫米的细管子,封闭端绕在框架上,浸沉在水里;开放端与压力计连在一起,使用时压力计的指示与水中溶解的气体量有关。

我们人体肾脏的肾小球的膜也是一种过滤器,血液流经它们时,除了红细胞、白细胞和大分子蛋白质外,都滤至其囊腔中形成原尿。人体肺脏的肺泡膜则是气体交换的场所。模仿它们的功能,人们研制成了人工肾和人工肺。

鱼之所以能长期生活在水中,是因为它们能通过鳃吸取溶解在水里的氧气。人们模仿鱼鳃用两层硅橡胶(每层厚 1.27 微米)做成一种薄膜,它能通过溶解于水中的氧气,而不透过任何液体。在一次试验中,把一只老鼠放在一个小容器里,容器壁是用这种薄膜做成的,然后将这小容器浸沉在水里,结果老鼠仍能在其中正常生活(图 117)。老

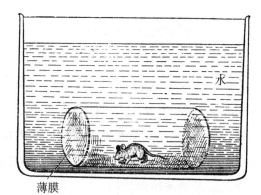

图 117　薄膜容器中的老鼠

鼠吸取的氧气是通过膜从水里进来的,而呼出的二氧化碳则通过膜进入水里。可以预料,这类"人工鳃"不仅能帮助人类征服海洋,而且也将在医学和航天中得到应用。

遗传工程

俗话说:种瓜得瓜,种豆得豆。生物把各种性状从亲代传给子代,这就是遗传。所谓"子肖其父",便由此而来。其实,"肖"中还有许多"不肖"之处,其中就包含了变异。生物的遗传和变异是对立的统一。只有这样,生物才能得以进化,从低级到高级,从简单到复杂,发展成为今日种类繁多、五光十色、生气勃勃的生物界。

茫茫大地,涛涛大海,生物的"施工蓝图"从何而来? 人们发现,生物体细胞合成的生物大分子中,有一种叫去氧核糖核酸(简称DNA),虽貌不惊人,可奇妙的"蓝图"却藏在其中。

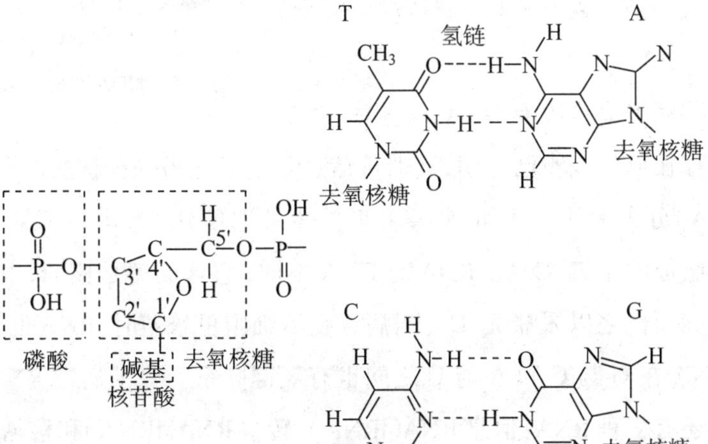

图 118　核苷酸和碱基对

如果说,DNA是一幢雄伟的大厦的话,那么"砖块"就是去氧核糖核苷酸。这成百上千、甚至数以百万计的"砖块"都是由磷酸、去氧核糖和碱基组合而成(图118),它们按一定顺序首尾相接,连接起来,成为很长的DNA链——人的DNA单链可长达几厘米,被称为"厘米分子"。

纵观这长链,原来奥秘就在碱基上。碱基有4种:腺嘌呤(A)、鸟嘌呤(G)、胸腺嘧啶(T)和胞嘧啶(C)。这4种碱基就是将遗传信息编译成"密码"的4个"字母"。遗传密码是三联码,即每个"密码子"由3个字母组成。由于A与T和G与C之间都能形成氢键,因此两条DNA链(双链)便形成了稳定的双螺旋结构(图119)。

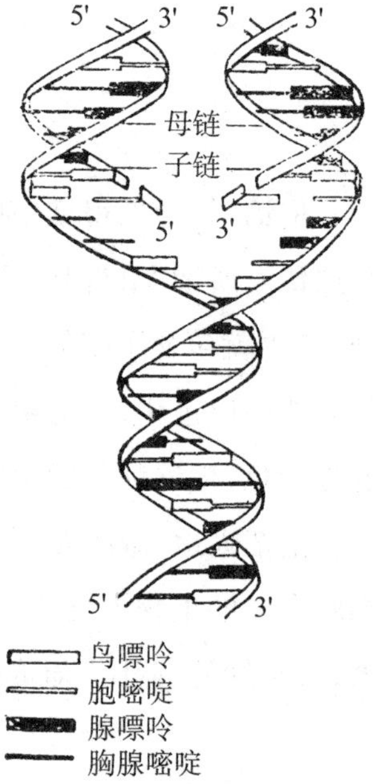

作为遗传信息载体的DNA分子,首先就要能自我繁殖。DNA分子复制时,双螺旋逐渐拆开,借助特殊的酶,以每条母链为模板合成一条与其互补(按碱基对应关系)的子链。

图 119　NDA 双螺旋和它的复制

有些病毒完全没有 DNA, 它们的遗传信息贮存在何处呢? 已查明,其遗传信息是记录在另一种核酸——核糖核酸(RNA)分子上的。例如,烟草花叶病毒的遗传分子就是一条由 6500 个核苷酸组成的单链 RNA。RNA 与 DNA 不同, 它含的糖是核糖,其中没有胸腺嘧啶而代之以尿嘧啶(U)。当病毒在活细胞里繁殖时,RNA 也成双链。双链 RNA 在 G 与 C 和 A 与 U 之间也有氢键联系。除了病毒 RNA 以外,生物中还有三种 RNA:信息 RNA(iRNA)、转移 RNA(tRNA)和核糖体 RNA(rRNA)。

遗传信息的载体分子不但要能自我复制,还应有"本事"开动细胞"机器",把遗传信息表现为细胞的结构和功能。这就是说,它要"指令"细胞合成自身生命活动需要的一切蛋白质。蛋白质是另一类生物大分子,其构成"砖块"是氨基酸。目前已在蛋白质中发现许多种氨基酸,但主要的只有20种,其余的只是它们的"改头换面"而已。如果像核酸那样用信息论语言来说的话,那就是"蛋白质的结构信息是由20个字母编码的"。显然,要使核酸指令细胞合成蛋白质得以实现,就要把核酸4个字母的语言译成蛋白质20个字母的语言。参与这一伟大"翻译"工作的不仅有信息RNA、转移RNA,还有核糖体。核糖体是细胞结构中最小的颗粒,由大小不等的两个亚单位构成,各含有RNA和蛋白质。令人吃惊的是,正是这些"小东西"在进行着程序化的蛋白质合成!

让我们来看一下细胞是怎样合成蛋白质的吧(图120)。以DNA为模板,在转录酶的作用下,信息RNA把在DNA上合成某种蛋白质的密码"抄录"下来,然后像信使一样从细胞核中被"派往"细胞质,并以其一端与核糖体相连。现在该轮到氨基酸"对号入座"了。细胞内有20种氨基酸,至少

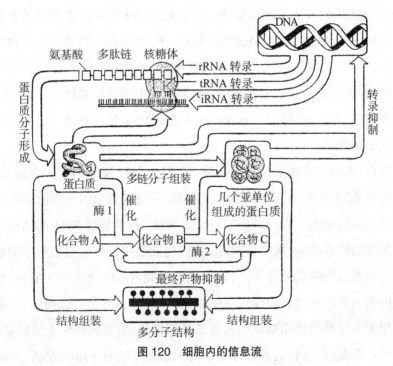

图 120　细胞内的信息流

137

应有 20 种相应的转移 RNA 及其特殊的酶。每种酶都使相应的氨基酸连到自己的转移 RNA 上。转移 RNA 把氨基酸"领到"核糖体那里，它们是怎样"辨认""座号"的呢？原来，转移 RNA 分子里也有核苷酸的三联码，并恰好与信息 RNA 分子上该氨基酸的"密码子"互补，称之为"反密码子"。密码子和反密码子当然是"似曾相识"的了。这样，随着核糖体和信息 RNA 的运动，一个个氨基酸相继连接起来，最后按照信息 RNA 的"指示"，合成了某种蛋白质分子。当然，在这合成过程中，除了有不少酶参加，还要消耗一定的能量。

在遗传物质的指挥下，生物能合成各种各样的蛋白质。细菌细胞内有 500~1000 种蛋白质，人体细胞内的蛋白质可能有 1 万种以上。这就是生物体得以表现其物种和个体特性的主要物质基础。当然，生物和环境是对立统一的，某些遗传性状能否表现出来，还要看周围环境的影响。

认识生物的目的是利用和改造生物。多年来，人们一直希望用改变生物"施工蓝图"的方法来改造生物。这就是近年来发展起来的分子生物学的新方向——遗传工程学。它的实质就在于，把遗传物质从一些生物中分离出来，或人工合成某些基因（DNA 链片断），应用特殊的剪接工具（限制性内切酶、连接酶），把它们重新组合到具有复制能力的载体分子上，然后，把这个新的"施工蓝图"引入另外一些生物细胞内，使之表现出这些引入基因所代表的性状。

现在，人们已成功地用特殊的酶"剪下"大肠杆菌 DNA 上的乳糖基因；利用反转录酶（在 RNA 上合成 DNA 用的酶）和血红蛋白的球蛋白信息 RNA 合成了相应的 DNA；人们已能用纯化学方法，按照转移 RNA 的结构合成与其相应的转移 RNA 基因。同时，人们也能够用特殊的剪接技术把获得的基因连到适当的载体分子上，进而把能复制的载体分子引入细胞，使它表现出引入基因所代表的性状。例如，把一种噬菌体色氨酸操纵子（基因组），用大肠杆菌质体作载体引入大肠杆菌细胞，后者就产生大量色氨酸。

另一方面，分离和培养高等生物的细胞技术也有了很大发展。用酶或稀酸处理动植物组织,就能得到单个细胞。现在已能把单个细胞培养成一株植物。这就为把基因转移到高等生物细胞打下了基础。同时,也能借助细胞质融合和细胞核连接技术进行细胞"杂交"。用这些方法,至今已获得了大豆、玉米和烟草的杂种细胞,这就为培育新品种开辟了新途径。

毫无疑问,遗传工程学将对工业、农业和医学的发展起很大推动作用。例如,人类有不少遗传病,如苯酮尿症、镰刀形血球贫血等,它们都是由于遗传密码发生错误而造成的。这些病的彻底根治,也只有求助于遗传工程学的发展。苯酮尿症患者体内缺少苯丙氨酸分解酶,使尿中含有很多苯酮,造成小儿发育不良。只有补入生产苯丙氨酸分解酶的基因,才能治愈此病。镰刀形血球贫血是血红蛋白分子中有氨基酸连接错了,其根源是DNA相应片断上的密码有错误,所以只有动"分子外科手术"才能根治。糖尿病也主要是遗传原因,饮食疗法和注射胰岛素都是治标,治本的方法则是给患者补入有关基因。用遗传工程方法治疗遗传病是人们的美好愿望,但也是一项很艰巨的工作,科学家们正在为此而努力。目前已有一些苗头给人以鼓舞。例如,有人培养了糖代谢病人的成纤维细胞,借助一种噬菌体DNA把该细胞所缺少的基因补上,从而使细胞的病得以治愈。原来根本不可能进行杂交的细胞通过遗传工程学的方法,竟使它们的杂种细胞奇迹般地出现了:人的上皮细胞和蚊子的上皮细胞的杂种细胞问世了;用疱疹病毒已使老鼠细胞合成了新的酶;蛙胚细胞已能合成人的血红蛋白中的球蛋白;在离体线粒体里成功地繁殖了一种脑脊髓炎病毒。如果能人工合成终止痛细胞繁殖的基因,人们就有希望根治癌症。有一种能使兔生乳头瘤的致癌病毒,其中含有精氨酸分解酶基因,人一旦被这种病毒感染,血中精氨酸的含量便会下降。人们把这种病毒注射到患血精氨酸过高症的初生儿身上,便使其血液中的精氨酸含量大大下降。

用遗传工程学的方法,人们也可"命令"细胞合成某种物质。几年前,有人把人工合成的聚腺苷酸连到烟草花叶病毒RNA上,然后将这些"杂种分子"引入烟草细胞,结果细胞在人工密码的指挥下合成了聚赖氨酸。也

139

有人把正常大麦的 DNA 引入不能合成有价值的淀粉的大麦，使后者也能合成正常的大麦淀粉。两年前，有人把根瘤菌的固氮基因转移给大肠杆菌。如果能把豆科植物根瘤菌的固氮基因引入需要氮肥的高等植物，例如甘蔗和玉米，那么我们就可以不给这些农作物施氮肥了，因为它们已有了自己的"氮肥厂"，完全可以像豆科植物那样自给自足了。

事实证明，人类认识和改造世界的能力是无穷尽的。人不仅能按照物理学规律设计机器，而且也将能根据生物学规律"建造"生物。遗传工程师们的任务，就是修改细胞的"蓝图"，或把人为的"蓝图"交给细胞，使它们"施工为人民"。这是多么诱人的前景啊！

第六章 自然设计师

鲸 形 船

海阔凭鱼跃，洋深任鲸游，浩瀚的海洋是"游泳之乡"（图121）。人们为了提高船舰的航速，日益重视水生生物特别是海洋生物的研究，以揭示和应用它们的运动规律。人们把仿生学的这个分支称为"水生仿生学"。

1万多种鱼都是游泳的行家里手，就连游速很慢的鱼也能轻而易举地击败世界游泳冠军，更不用说那些每秒钟能游20多米的鱼类了。箭鱼似箭，其最大速度可达30~35米/秒，即每小时能游上百千米，比特别快车还快，怪不得它的"剑"曾一举击穿了包有铜皮的木船（图122）！

此时，鱼的剑受到的冲击力达150千克左右，但并没有发生剑折鱼亡的惨局。这是因为箭鱼有很好的防震机构：剑的基部骨有蜂窝状结构，孔中充满油液，像是多孔的冲击吸收器。另外，组成头盖骨的骨头结合紧密，并与剑的基部吻合成一体。这种抗强冲击的机构，对航天飞船设计师们可能有所教益。

鱼的体形很适合在水中快速游动。对鲔鱼的分析指出，它的剖面形状相对长度为3.6，相对厚度为28%。在风洞里进行的试验表明，比28%更小

鲨

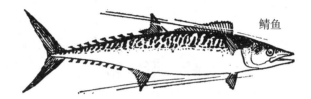

鲭鱼

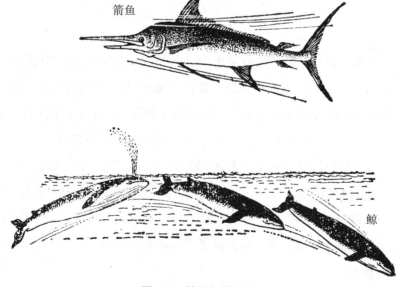

箭鱼

鲸

图 121　快速鱼类和鲸

图 122　箭鱼击穿包有铜皮的木船

的剖面,摩擦阻力的增加大于形状阻力的减
小;对更大的剖面,摩擦阻力的降低小于形
状阻力的升高。由此可见,鲔鱼采取了阻力
最小的形状(图 123)。

快速鱼类的鳃裂所在位置,最有利于喷
水,以便鱼类从中获得最大的推力。有些鱼
光依靠这种喷水方法,就能达到很高的游
速。船舶设计师们采用这一原理,已发明了
所谓"诱导流线系统"。开船时,喷口喷射出
强大水流,船行进时安稳如同帆船。有的鱼
并没有把这种鳃裂水流作为主要推动力,而
只是让它起减小运动阻力的作用。例如鲨
鱼(图 124),游泳时嘴和眼造成的湍流加大
了阻力,而鳃喷出的细流贴在鱼身上,构成
层流边界层,使上述湍流在鳃后又层流化,
阻力大为降低。

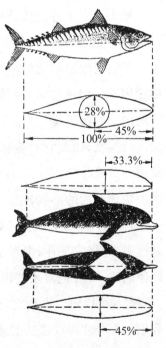

图 123　具有良好流线型体形
的快速海洋动物
上——鲔鱼　下——海豚

143

图 124　鲨鱼鳃的位置

　　鲸类(包括海豚)是更优秀的游泳能手。有"海上霸王"之称的虎鲸,每小时能游 55 千米,斑点海豚的游泳速度也高达 53 千米/小时。每当它们受到惊扰,或追捕海中动物的时候,其速度还能增加 1 倍以上。显然,它们的游泳速度比船舰和潜艇的航速大。此外,这些海洋动物能在几秒钟内从静止达到全速,也能"戛然而止",这更是船舰和潜艇所望尘莫及的。

　　鲸类也有很好的流线型体形。人们已按鲸的体形改进了客轮和货轮设计,使船的水下部分不再是刀状,而取鲸体形,从而使前进阻力大大减小。有的超级油船也模仿了鲸的体形。最新式的核潜艇也是按海豚(鲸)的轮廓和比例建造的,这种设计方案使航速一下子就提高了 20%~25%。以前的一般潜艇用的是柴油机,尽管使用了换气双管,它还得经常浮上水面进行换气,因此它们的艇体轮廓在总的方面与水面舰只差不多。而核潜艇用的是核燃料,能长期在水下航行,好像是"水下飞船"似的,因此它具有水中快速动物的形状显然是有利的。

　　100 多年前,一艘捕鲸船在海上发现了一条死鲸。几个船员划着小船赶过去,想把它叉住,但费了九牛二虎之力也没追上。原来,鲸的一对胸鳍好像船桨一样,把海水波浪变成了动力。人们从中受到启发,也给船装上"船鳍"(图 125)。结果,这不仅增加了船舶的航行稳定性,减轻了摇摆,而且把一部分波浪变成船的前进动力,提高了船的航行效率。

　　同时,鲸又是潜游冠军。例如,抹香鲸能潜入 1000~2200 米深海,经受一两百个大气压,在水下停留 15~75 分钟。它们下潜和上浮的速度也非常之快。有一种海豚潜入 305 米深海,来回只花 3 分多钟。研究这些动物的

潜水秘密,无疑将有助于人类
征服海洋。

　　鱼和鲸之所以游得快,也
与其体表的黏液有关。这些动
物游泳时,由于黏液的"润滑"
作用而减小了阻力。我们知
道,一个物体在水中运动时,
黏附在物体表面的极薄的水层
相对于物体是不动的。随着物
体的远离,黏附层就变成了边
界层,在这一层里,水相对于

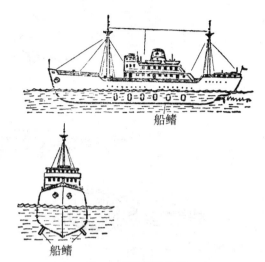

图125　船鳍的位置

物体的运动速度从零变到自由流动的速度。有人认为,在鱼体表面的层流
区(1)中,黏液不进入边界层;而当有湍流发生时(2),黏液被"冲"进边界
层,结果把湍流压低下来(3),从而使鱼的阻力减小(图126)。目前,人们
已人工合成了几种类似的黏液,涂在船的外壳板上,试验表明它们确能降
低船的阻力。但还有不少技术问题有待解决,离实用阶段还有一段距离。

图126　鱼黏液的作用

　　在所有水生生物中,除了鱼和鲸类外,最好的游泳家就算是乌贼了。
在进化过程中,它的身体拉长,前端变尖,横截面近似圆形,相对长度l有
明显增大:底栖的游泳慢的乌贼l值最小(3.0),较活动的乌贼的l值增大到
4.8,游泳最快的乌贼l值达到5.8(图127)。因此,乌贼外部结构特性的研
究,会对造船工程有所启发。

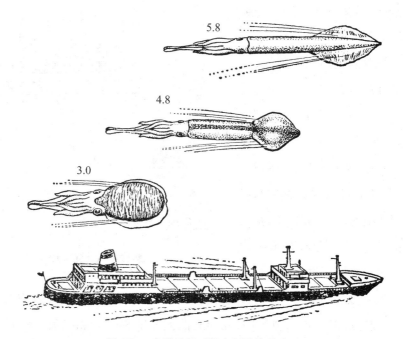

图 127　乌贼的相对长度和游泳速度

在体形变化的同时,乌贼的运动器官也完善化了。它和其他头足类动物一样,由尾向前运动,而头和 10 个带吸盘的触手附加在身体尾部(图 128)。运动时,触手紧紧叠在一起,变成很好的流线型。乌贼有两种运动方式:缓慢运动时,使用大的菱形鳍,它以波动的形式周期性弯曲。快速冲刺时,则利用喷水式运动,水经过尾部的环形孔进入外套膜,然后软骨将孔闭锁,收缩腹肌便把水从喷嘴喷射出去。这样,它的运动速度可达 15 米/秒,最大速度达 150 千米/小时,故被称为“水火箭”。现已模仿这种喷水器制造了水下喷水装

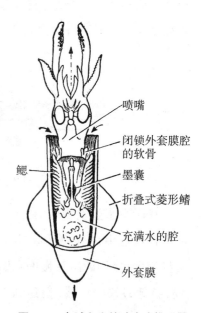

图 128　乌贼和它的喷水式推进器

喷嘴

闭锁外套膜腔的软骨

墨囊

折叠式菱形鳍

充满水的腔

外套膜

鳃

置。我国已模仿这类动物制造了一批喷水拖船,解决了浅水域的水上运输问题。

海 豚 雷

海豚是著名的"游泳家"。海员们常看到,海豚能轻而易举地超过开足马力的船只,好似鱼雷(图 129)。要知道,水的密度约比空气大 800 倍,阻力这般大,速度如此高,实属难能可贵。所以,从古代起人们就流传着"海豚之谜"。海豚的奥秘在哪里呢?

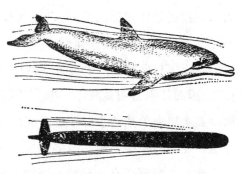

图 129　海豚和鱼雷

有人用塑料和钢做成一只海豚模型,长 1.5 米,宽 23 厘米,用无线电控制它的活动。它的尾鳍用橡胶做成,每秒钟摆动 4.5 次。这只海豚模型的跳跃和潜水动作很像真实海豚,但它游泳的速度只有 1 米/秒。实验表明,活海豚的能量利用效率高达 80%!

海豚不仅有一个理想的流线型体形,而且它还有特殊的皮肤结构。海豚的皮肤分两层,外层薄而富有弹性,其弹性类似最好的汽车用橡胶。这一层下面是乳头层或刺状层,在乳头下面有稠密的胶原纤维和弹性纤维联系,其间充满脂肪(脂肪层)。海豚的头的额部、鳍的前缘等部位在运动中感受的水压较大,因而它们的表皮和真皮乳头很发达(图 130)。皮肤的这种结构,使有机体保温,又能提高表皮与真

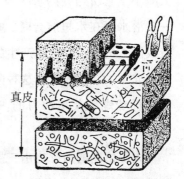

真皮

图 130　海豚皮肤的结构模式图

皮的连接力,它又像一个很好的消振器,使液流的振动减弱,防止湍流的发展和液流的破坏。

流体动力学告诉我们,在水中运动的物体受到的阻力大小与物体附近液流的结构有关。对于很好的流线型物体,液流结构可分成三个区域:在物体近处的一薄层水中是层流,在这里没有任何漩涡,水的阻力最小。在离物体的某个距离上,层流被破坏而变成湍流,产生了漩涡,阻力明显增大。在接近物体尾部的地方,环流破坏,形成更大的漩涡。在物体流线型不好的情况下,例如在船尾部产生减压,会使阻力大大增加。物体附近液流的湍流化与振动的产生有关,所以海豚的弹性消振皮肤能阻止层流变成湍流,因而使阻力明显减小。同时,海豚皮肤具有疏水性质,它使与其接触的表面水层由单独的水分子集合成环状结构,好像是球状轴承的滚动,这种运动受到的摩擦力要小得多。

此外,海豚还有一种减小摩擦力的方法——当海豚的运动速度很大时,涡流已不能靠皮肤的消振和疏水性来消除时,皮下肌肉便开始作波浪式运动。沿海豚身体奔跑的波浪消除了高速运动产生的漩涡,使得它能飞快地游动。当然,海豚的游泳速度也取决于它的整体及其各部分的流线型体形。在海豚身上,一切干扰运动的东西——毛覆盖层、耳壳和后肢都消失了。而位于额部的弹性脂肪垫,显然是很完美的消振器,它消除了前面的湍流,使湍流层流化。因此,海豚在游动时,其身体周围的水流极小,大大减小了它所遇到的水阻力。而一艘潜水艇在水里航行时,则会造成巨大的湍流,由此产生的水阻力非常大,以致克服这种阻力竟需耗费螺旋桨推动力的 90%(图 131)。

人工仿制的海豚皮由三层橡胶组成,总厚度 2.5 毫米:外层平

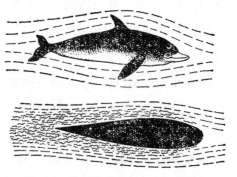

图 131　海豚和潜水艇在水中的运动

滑，厚0.5毫米，模仿海豚的表皮层，中层有橡胶乳头，它们之间的空间充满黏滞性的硅树脂液体，它模仿海豚的真皮及胶原组织和脂肪；下层厚0.5毫米，它与模型体接触，起支持板的作用（图132）。当水的压力作用于人造海豚皮时，液体在橡胶乳头之间的流动完成消振器的作用，使漩涡消失在物体附近的有限水层中。

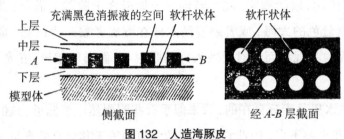

图 132　人造海豚皮

　　试验表明，覆以这种人造海豚皮的鱼雷，在水中运动受到的阻力至少降低50%。换言之，如果鱼雷大小、形状和发动机功率不变，则其推进速度大约可提高1倍。

　　这种人造海豚皮已用于小型船只，使航速有了显著提高（图133）。可以设想，如果把人造海豚皮做成厚的和蜂窝状的，并选择弹性接近海豚皮的材料。那么，它减小流体阻力的作用就会有效得多。这样的人造海豚皮，不仅可用于大型舰船，甚至可用于飞机。此外，有人用模型试验了类似海豚额部脂肪垫的装置，但它是安装在模型船首的下面，而不是像海豚那样在上面——显然，这是合理的。

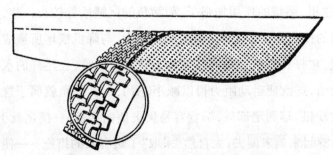

图 133　双层橡胶人造海豚皮敷在小船上

鱼式振荡泵

夏天,站在水质澄清的鱼塘岸边,你可以看到鱼的各种运动:倏而远逝,骤然停动,跳跃腾空,陡然转向……如果你干脆戴上面罩,背上氧气瓶跃入蔚蓝色的大海,或者乘着潜水球在海底考察一番的话,那么一个鱼类世界的壮观场面顿时便映入你的眼帘:它们形貌相异,五光十色,游姿万千。

鱼在水里是十分自在的,看来似乎有些飘飘然。要知道,鱼的比重是1左右,和水差不多,因此它所受到的浮力约等于其自身的重量——鱼在水里处于失重状态!如若把鱼与宇航员相比,那它无疑就是"水航员"了。即便鱼没有完全失重,其鳍产生的升力也会把剩余的重量抵消掉。除了这一作用外,鳍又是鱼体水平位置的维持者。如切除胸鳍,鱼就前沉;若切除背鳍,鱼便后沉。但是,应该说鳍主要是运动器官,特别是尾鳍。

鱼类的游泳方式虽然各式各样,但基本的方式有两种:鳝泳和鲭泳。鳝鱼像蛇那样,整个身体都是"发动机",同时又都是利用动力的装置。鳝鱼在游泳时,身体作波浪形运动,随着这种波动从头端传到尾部,鱼体的水平移动距离也逐渐加大(图134)。在鲭鱼类型的游泳方式中,波动只发生在鱼体后半部,或后1/3的地方,而鱼体中部的侧向运动几乎接近于零(图135)。在这里,尾鳍的作用加强了,而鲭鱼的尾鳍恰好较长一些,显然这是与其效率的提高相适应的。在鱼类的进化中,与降低摆尾所造成的能量消耗相适应,尾杆在垂直面内的高度大为降低。同时,在尾杆的水平面上还出现了隆凸,这就使运动阻力得以减小(图136)。鲔鱼就属于这一类型。然而,"发动机"移到尾部后,毕竟容易失去侧向平衡,一摆尾就引起摇头。为防止鱼游起来偏来偏去,大自然"采取"了最有效的措施——使鱼体在中部加高,提高了鱼对左右摆动的阻力。总之,不管鱼采用何种游泳方式,身体要弯曲,尾部要摆击,以向身体后面抛出一定量的水。这种水流便是鱼体赖以推进的动力来源。如果你想亲眼看一下这种水流的样子,只要在黑底的鱼缸里倒上一薄层牛奶,把活鱼放进去就行了。

图134　鳝鱼的游泳方式

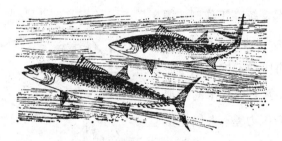

图135　鲭鱼型游泳方式

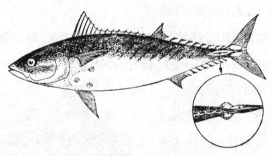

图136　鲔鱼尾杆上的侧隆凸

　　鱼是高效率的自动推进"装置"。鳝鱼波浪运动的频率小,但摆动的幅度大,能把大量的水向后推去,使鱼快速前进,其效率(即鱼用于推动它前进的功率和鱼游动产生功率的比值)可高达85%。但要使鱼达到更高的游泳速度,这种游泳方式就不灵了,而必须改为尾部作大频率、小幅度的摆动,这就是鲭鱼型的游泳方式,其效率可达65%。鲨和鲔就属于这一类型。

实际上，大多数鱼采取的是，慢速高效鳝鱼和快速低效鲭鱼之间的游泳方式，以使速度和效率两者兼顾，有个满意的配合。

鱼的尾鳍也能起舵的作用。据传说，早在大禹时期，我国古代劳动人民就观察到鱼在水里是用尾巴拐弯的，他们由此联想到船的拐弯，通过反复实践终于发明了船舵。从此以后，在波涛滚滚的江河中，人们也能使船只运行自如了。

在技术系统中，人类用的是旋转式推进装置，例如螺旋桨；但鱼用的则是别具一格的摆动式推进系统。鱼运动方式的生物力学知识，启发人们设计了"摆动板"技术系统。

这种技术系统在工作时，摆动板被驱动器带动做往复摆动，或同时被弯曲作动器推动做弯曲振荡。这样，就会在有水的管道里造成一定的压力差。人们用摆动板做成的水泵，工作起来像离心泵那样好使，这就是振荡泵（图137）。

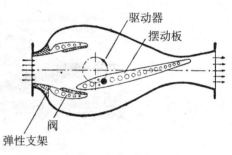

图 137　振荡泵

与普通水泵相比，这种泵有一个显著的优点，即它能抽含有许多杂质的污水，且不会被其中的泥沙、枝叶、小木块等杂物所损坏或堵塞。

这种摆动板可以安装在船体上，作为机动辅助设备，它特别适用于内河航行的船只。借助这样的推进器，船只拐弯或躲避障碍物十分方便。如果把摆动板系统安装在平底船下面的水道里，就能使船在浅水里航行（图138）。

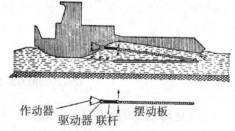

图 138　使用摆动板推进器的浅水船示意图

这种摆动板推进器轻巧，不搅起泥沙，也不会被杂物堵塞。因此，装备这种推进器的船不仅可以通过含有漂浮物和水草的浅水域，而且还能顺利地越过使其他船搁浅的沙洲,把沙子从船首抽到船尾去。上述效果已被浅水船模型试验所证实。

从鱼类和其他快速海洋动物的游泳方式可以看出,它们用的"推进器"是尾杆上的尾鳍。于是,在飞机设计中便出现了一个新颖的方案,这就是把发动机安装在机身后面的尾杆上(图139)。试验表明,发动机装在这个位置上大有好处,因为这样更有利于把飞机附近的气流加速到能喷气的速度。同时,也避免了由于发动机装在前面给机身两侧造成的阻力。目前,已有一些喷气式飞机把发动机安装在尾部了。

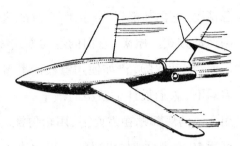

图139 有尾杆发动机的飞机设计

迄今为止,飞机和船舰都可以明显地分成两部分:产生推力的装置(喷气涡轮机和螺旋桨)和利用推力的部分(机身和船体)。但是,在动物界就很难把它们截然分开。在鱼特别是鳍鱼类型的运动中,动物的整个身体都参加了推力的产生和利用。看来,随着我们关于生物力学知识的增长,随着飞机制造业的发展,或许将来能制造出一种新型的飞机——像动物那样"二位一体"的飞翼飞机。

无轮汽车

南极,举目皆是铺天盖地的冰雪。探险者们来到这里,运输可是个很大的困难。普通牵引车、拖拉机和汽车都不能发挥足够大的速度,它们常常在雪地里空转,形成很深的车辙。怎么办? 人们便设法寻找使车辆在疏松雪地上前进的新办法。

企鹅是南极最古老的动物,它们祖祖辈辈在那里生活了1500万~2000

万年的漫长岁月。在水下，企鹅游动的速度最大可达 36 千米/小时，能轻而易举地超过一般潜水艇。在陆地上，它们通常是蹒跚而行。但一遇紧急情况，它们却能以 30 千米/小时的速度在雪地上飞跑。人们观察了企鹅的运动方式。原来，它们的运动方式极其特殊：扑倒在地，用肚子贴在雪表面，蹬动双脚，俨如使用雪杖的滑雪者，在雪地上快速滑行。在企鹅的启示下，人们设计了新型的汽车——"企鹅"牌极地越野汽车。这种汽车用宽阔的底部贴在雪面上，用轮勺推动着前进。它重 1300 千克，行驶速度可达 50 千米/小时。这样，不仅解决了极地运输问题，而且也可以在泥泞地带行驶。

袋鼠是生活在开阔草原沙漠地区的一种哺乳动物，它的运动方式也是很不寻常的：用强有力的后肢跳跃前进。这种方式使它的运动速度得到提高，每小时可跑四五十千米，便于寻找食物和迅速躲避敌害。模仿袋鼠运动方式的无轮汽车模型"跳跃机"已经试制成功，它不需要道路，在坎坷不平之地和沙漠地带也可以通行无阻（图 140）。过去，人们往往称颂骆驼为"沙漠之舟"，可能在不久的将来，就要被"跳跃机"争掠其美了。

图 140　袋鼠和跳跃机

在交通运输方面，人们感兴趣的不仅有海豚、鲸类和鱼类以及企鹅和袋鼠，而且还有海洋上的两种漂浮生物——僧帽状水母和帆水母。这两种水母利用海上风力运动的构造和原理，可作为生物航海系统的极好例子。它们具有特殊的气室或浮囊体，把动物维持在水面上，并且能起到船帆那样的作用。在海风的作用下，它们能以一定速度在一定方向上漂流，但动物本身在运动中却不消耗任何能量。因此，它们可作为长期自动漂流的浮标站模型（图141）。目前，在海洋上自动漂浮的天气预报站正在研制中。

图141 自动漂流的浮标站

新奇的坦克

尺蠖之行，一屈一伸。为了提高坦克的通行能力，有人模仿这样一些虫子的屈伸运动方式，提出了一种轻型坦克行走部分的新颖设计：坦克的底盘上有两对大滚子，其中每个都有自己的燃料箱和动力系统。滚子成对地排列在两个大梁末端，大梁用铰链固定在车身上。发动机有两种工作状态。在第一种状态时，滚子完成轮子的功能。由于它们的直径大，表面宽，就能越过大的障碍。在第二种状态时，坦克驾驶员将前滚子制动，开动后滚子。大梁折叠，后滚子前进，然后制动后滚子，大梁伸展，前滚子运动，坦克前进。这样的推进系统可用于战斗机动：把坦克隐蔽在掩体后，升起炮塔，射击后再隐蔽起来。

越野汽车的设计者们则认为，在松软的土地上，车身窄而长的汽车具有较高的通行能力。于是，他们根据对毛虫运动方式的研究，设计了一种有趣的"爬行车"。它的车身是活动的,由铝环组成。发动机通过曲柄机构使铝环做复杂的往复运动,创造出所谓"行波"——像毛虫那样向前蠕动。这个模型重15千克,长60厘米,铝环直径1.5厘米,电动机功率不到1马力(1马力约等于735.5瓦,后同),但其运动速度却超过每小时500米。这样的爬行车还有较高的可靠性,一旦翻了车,即能自动调整过来。

近来,有的坦克设计师还以双壳贝壳作样板,设计出一种具有较好流线型的炮塔。坦克车内的武器装备是按软体动物的消化器官排列的,因此达到了很紧密的程度。像软体动物吃食物那样,弹药从弹药盒进入炮塔,然后沿着类似食道的送弹槽,弹药被送到炮的后身(尾部)。尾部类似软体动物的胃,周围的药室(收集和排出射击时形成的火药气)类似消化腺。在像贝壳的顶盖下,有两个供坦克乘员半躺的座椅。于是,在解决现代坦克制造中很重要的问题(即减低坦克的高度)方面,人们取得了显著的效果。

恐龙钻头

仿生学研究动物的目的,是寻找其器官工作的原理和方式,并将所获得的知识用来解决工程技术问题。人们发现,不光是现代动物,就是古生物学所研究的现已绝灭了的动物,也能作为生物原型的模型,而且后者的构造往往更加简单。这条途径的开辟,扩大了我们研究生物原型的范围,因为现代动物只是整个地球上存在过的动物中的一部分。

古代动物通常在脑子和神经系统发育方面比不上现代动物,而在有些方面它们却十分完善,甚至也有超过它们的后代——现代动物的地方。因而,它们可以成为现代技术的模型。古代动物的绝灭,有些是因为构造上有缺陷,有些是由于气候和地形的变化。"物种就这样通过自然选择、通过适者生存而发生变化"。而在某些场合下则是被人类歼灭的。例如,凶恶的剑齿虎绝灭了,但温顺的猫还活着。非洲原有一种形似驼鸟的象鸟,高

3~5米,其卵相当于190个鸡蛋那样大,已在20世纪初被殖民者所杀绝。

值得注意的是,在仿生学所取得的成绩中,有些正是由于利用了古代残留下来的,或古老的动物作为模型的结果。例如,模仿水母耳制成了风暴预测仪,而水母已经在海洋里生活几亿年了。鲸形船实际上模仿的是鱼龙类,因为在鲸出现前许久,狭鳍龙就已具有同样的体形了。同时,鱼龙是并不比海豚坏的游泳能手,因其构造比海豚简单得多,就显得更容易模仿。

我们再来举一个例子。人们已经根据松鼠和田鼠的牙齿构造,创造出自动磨刃刀具。但是,如果这些动物与恐龙相比,却只能是十分无能的啮齿类了。恐龙是生活在距今7000万到 2.2 亿年前的中生代的巨大爬

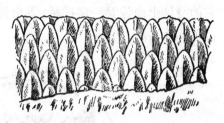

图142　鸭嘴龙的牙齿排列

行类动物,它们曾盛极一时,成为地球表面的统治者(那时尚无人类)。新中国成立后,在我国境内已发现了许多恐龙和恐龙蛋化石。例如,1957年在四川省合川县太和镇古楼山腰发现的恐龙,即合川马门溪龙,身长22米,高3.5米,重达30~40吨。在内蒙古中部二连发现的恐龙——鸭嘴龙,身高5米,至少重10~20吨以上。在它那扁平宽大的鸭式嘴中,长有400~500颗牙齿,它们成排地丛生在颚骨内(图142)。在鸭嘴龙的生活中,上面的牙齿磨去,下面的依次递补上去,在一生中至少要消耗掉上千颗牙齿! 1964年,我国地质工作者在山东省诸城县发现的一种鸭嘴龙化石,从脚趾到头顶高达8米,是目前世界上已经发现的鸭嘴龙化石中最高大的一具。在恐龙当中,有一种叫雷龙,能活200多岁,不难想象它在一生中要磨损多少牙齿! 栉龙(一种像有蹄类的恐龙)的牙齿很有趣,每一牙齿序列由相互重叠的三颗牙组成。在工程技术上,已依据栉龙的牙齿配置试制出"二重"钻头(前探刃钻头)。使用这种钻头,可使钻探速度提高1.5~2倍。

近年来,古生物学家们也试图根据古动物的构造来模仿它们。因为许多古动物都有一个力学结构,它必须承担一定的负荷,必须稳定,它的肌肉

也要足够强大,使动物得以在空间移动。新近产生的一门新兴科学——古生物工程学便是研究这些内容的。例如,26 米长的梁龙是一种巨大而笨重的动物,它的重量完全支持在四条腿上。它的身体为什么没有在中间压弯下来? 过去的回答是:梁龙日常生活在水中,向上的浮力减轻了它的重量。但对它进行的力学分析指出,梁龙躯体、颈和尾的重力中心在腰带,巨大的重量通过它传递到四条腿上。腿是垂直的,这是载重最好的形状。因此,它的身体上面像是一座拱桥,下面像座吊桥,这样的力学结构使它支持住巨大的体重(图 143)。

图 143　梁龙的躯体上面像拱桥,下面像吊桥

　　研究和模仿现今早已不存在的动物,我们的古生物学知识就大有用武之地了。过去,人们发现了研究价值很高的大量材料,并积累了有关资料。例如,人们获得了鱼龙类的大量骨骼和它们的皮肤残留物;从冻土里挖掘出埋葬了几万年的猛犸——它仍然像刚倒毙那样,嘴里还衔着青草。因此,对已经绝灭了的古动物研究,有必要专门从仿生学的角度来进行了。这样,看来毫不相关的古生物学研究也将对工程技术的发展做出巨大贡献。

生物和飞机

　　鹰击长空,鸽翔千里,蜂飞蝶舞,这些生气勃勃的自然现象,自古以来就激励着人们飞向天空。

据传说，2000多年前，我国的著名工匠鲁班就研究和制造过能飞的木鸟。1900多年前，我国就有人用鸟羽绑在一起做成的翅膀，滑翔百步之远。400多年前，意大利人达·芬奇在前人实践的基础上，根据对鸟类和蝙蝠的观察和研究，设计了扑翼机，试图用脚的蹬动来扑动飞行（图144）。后来，通过长时间的反复实践，并经过对飞鸟的研究和模型试验，人们才弄清了鸟类定翼滑翔的机理，认识到机翼必须像鸟翼那样，前缘厚后缘薄构成曲面才能产生升力，终了在1903年发明了飞机，实现了人类几千年来梦想像鸟类那样飞上天空的夙愿。

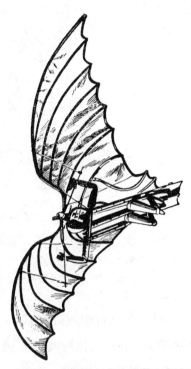

图144 根据达·芬奇设计方案建造的扑翼机模型

人类在学会飞行后，于1912年超过了鸟的飞行速度，1916年超过鸟的飞行高度，1924年又超过了它们的飞行距离。现代飞机已比任何种鸟都飞得更高、更快、更远，实现了鸟类望尘莫及的超音速飞行。但是，为了更快地发展航空技术，仍需要深入研究鸟类和昆虫的飞行，以便从中获得新的启示。因为远在3亿年前，昆虫就作为地球上第一批"飞行家"升入了空中；又过了一两亿年，鸟类也"步其后尘"飞上了天空。这些飞行"先驱"们，在长期的进化过程中获得了很好的飞行本领。

在自然界中有35种昆虫会飞。蜜蜂、黄蜂、蚊和蝇等还会作各种"机动飞行"：向上飞升，垂直下降，定悬空中，陡然侧飞或回首飞行，非常灵活。这是现在任何飞机都做不到的。蝴蝶和蛾子在飞行时，还能在翅膀表面生成一种波，来增加推力和升力，或使身体绕轴翻转（图145）。无疑地，这种波将给航空带来益处。

159

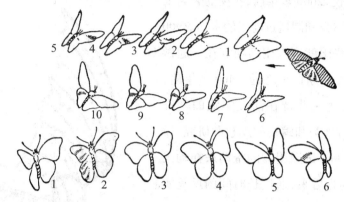

图 145　海军蛱蝶的飞行

（背面观，据快速摄影——每秒 2000 个画面）。3、4、5——右翅上的波，
7、8、9——左翅上的波（上）。下面示左翅上的波使昆虫向右翻转。右上
示飞行中的小星天蛾翅膀上的波（据快速摄影——每秒 8000 个画面）

　　昆虫在飞行中，翅膀的运动很复杂，迎角（翅膀平面和空气流所成的角）在不断变化（图146）。如果把虫体固定，其翅末端在挥动时描画出 8 字形曲线，飞行时则展开为正弦曲线。翅膀角度的变化，由昆虫的神经系统进行反馈控制，以便使飞行速度和空气压最佳地协调起来。这个自动机构比目前飞机的自动驾驶仪还好。

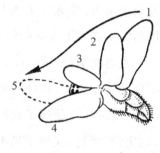

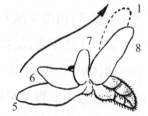

图 146　昆虫翅膀在 8 个基本位置上的倾斜度变化

箭头示飞行翅膀的运动方向。上为落翅时，下为升翅时。翅膀后缘被空气阻力引起的弯曲没有画出

　　在空气动力学中有一种叫颤振的现象，它是机翼在飞行中的有害振动。飞得太快时，这种颤振往往会造成翼折人亡的事故。但生物在千百万年的进化过程中，早就发展了一种对抗颤振的措施。捉来一只蜻蜓，我们在它的翅膀末端前缘会看到有发暗的色素斑——翅痣（图147）。如果把它们切除，蜻蜓飞起来就会

荡来荡去。翅痣就是蜻蜓对抗颤振的装置。现代飞机机翼末端前缘也有类似的加厚区或配重，用以消除颤振现象。如果人们能早一点向昆虫借用这种有效的抗颤振办法，就可以避免长期的探索和人力的牺牲。

根据对昆虫飞行动力学的研究，许多人在研制昆虫飞机——按昆虫飞行原理飞行的机器。第一架昆虫飞机是一只塑料做的蜻蜓翅膀模型，装上3马力的发动机，现已成功地飞上了天空(图148)。这类昆虫飞机完全可以充当"小航空"的飞行器。用无线电操纵的昆虫飞机可以用来运载不大的负荷：航空摄影，把气象仪器升入高空，山区运输等，也可以用于体育或其他目的。这种飞行器能以极小的速度飞行，特别是在跳伞前，可以达到飞机所达不到的状态。因此，它比飞机甚至比直升机安全得多，完全排除了飞机由于速度降低而出现的事故。在其他技术领

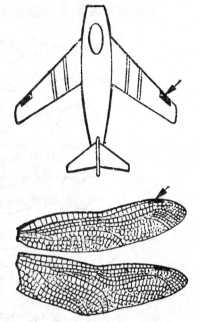

图 147 带抗颤振加厚区的飞机(上)和蜻蜓的翅膀(右上端是翅痣)(下)

图 148 模仿昆虫的飞机

域内，也应用了昆虫的飞行原理。例如，给风车安上能像昆虫翅膀挥动的桨叶，可以使它具备明显的优点，在低风速情况下仍能正常工作，只有在无风时才停止工作。

昆虫的飞行翅膀是很单薄的。例如，一般蜻蜓的翅膀仅5.1厘米长，面积为4.6平方厘米，只有0.005克重！但它却有足够的强度和刚度，每秒钟能扑动16~40次，使蜻蜓的飞行速度达每秒15米。真是超轻结构的奇迹！研究它的结构，对寻找轻结构的工程师是有教益的。

兀鹰翱翔高空,隼鸟急速俯冲,鸟类是比昆虫更完善的飞行者(图149)。

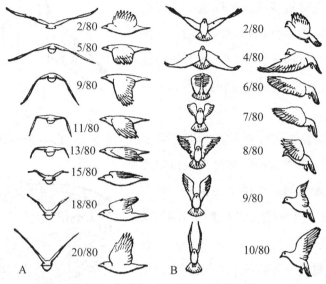

图149 灰鸦(左)和鸽子(右)的飞行

对于人类的早期飞行,重量是一个大障碍。鸟类在进化过程中很好地解决了这个问题。它们的骨头是中空的,呈圆锥形,使得重量小,而强度大。巨大的军舰鸟(图150)翼展达2米多,但骨头只有0.1千克重。鸟类在长距离飞行中也很节省"燃料"。例如,一种叫金鸻的鸟,一口气在海洋上空飞行4000多千米,体重只减轻0.06千克。如果飞机能用这个效率飞行,那就会节省许多燃料。

由于其翅膀的特殊结构和功能,鸟类不仅善飞,而且还是真正的空中杂技"演员"。例如,小巧的蜂鸟能垂直起落,在吮吸花蜜时并不停落花株上,而是取直立姿势定悬空中,且进退自如(图151)。这是何等理想的飞

图150 军舰鸟

行！这对研制垂直起落飞机的技术人员来说,该是多好的模型。

图 151　蜂鸟

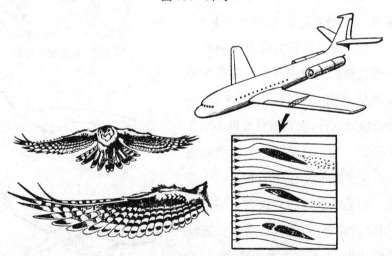

图 152　飞升中的食雀鹰和飞机的增升装置
右下为气流流经机翼(剖面)的示意图

　　鸟类的翅膀能有效地增加升力。图 152 表示飞升中的食雀鹰(鹞)的
翅膀。我们可以看到翅膀前缘有一小翼,中间隔着缝隙,它起着飞机前缘
缝翼的作用,使迎角大,升力大。在靠近身旁的地方,翅膀前缘的羽毛部分
上竖,增加气流的紊流度,延缓气流在前缘分离;还有部分羽毛下垂,起着

飞机前缘襟翼的作用,以防止气流在前缘发生分离,获得更大升力。在翼端,羽毛张开,形成叶栅式缝翼,有降低涡流的作用。根据不同的飞行姿态,调节羽毛相对气流的位置,以提高升力与阻力之比。这样,就使鸟在飞行中升力大,阻力小。经常在海洋上空飞行的多种海鸟,翼尖后掠而低垂或弯曲。人们已模仿海鸟的翼尖形状,制造了一种具有"圆锥弯曲"翼的飞机,这种飞机飞行稳定性很大。

蝙蝠不属于鸟类,但在它的前肢长趾间有皮膜,形成两只翅膀,也能像鸟那样飞行自如。为了帮助飞行员着陆,人们设计了一种"蝙蝠翼"(图153)着陆设备,它能和降落伞一样折叠起来收藏备用,但比降落伞用起来灵活得多,可以选择着陆地点,或垂直下落。

图153　蝙蝠翼飞行器

一般鸟类在飞行时都产生噪声,其中还包括超声波成分。但猫头鹰却得天独厚,即使在万籁俱寂的深夜,也能静悄悄地飞行,出其不意地将小动物抓住美餐一顿。这是因为猫头鹰的翅膀羽毛表面遍布绒毛,相互滑动时无声无息;羽毛的前缘和后缘都呈细齿梳状,用以消除噪声。亚洲食鱼猫头鹰没有这些结构,飞行起来就有噪声。有人从中受到启发,制成了一种锯齿形翼片,在风洞里做的试验表明,这种翼的边缘产生的许多小涡流,会促使翼后面的空气平稳,从而消除了产生噪声的涡流。如果这种翼形能用于飞机,就有可

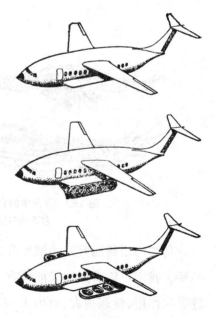

图154　垂直起落飞机发动机的收放

能减小或消除高速飞机的令人讨厌的噪声。

鸟的翅膀和尾巴可展开、倾斜或折叠，以适应各种飞行和休息状态。飞行时，鸟会把腿缩回，伸直脖子，以尽量减低空气阻力。人们设计的"收放式发动机"就有这个特点。在巡航飞行时，垂直起落飞机的升力发动机收回机身；垂直起落时，就把它伸展到最佳位置（图154）。如果把现代喷气式客机的机身，改成流线型纺锤体，使其机身长度不变，粗度增加1倍，约和鲔鱼的长粗比例差不多，机内空间变大，还可把垂直起落发动机安装在底舱里（图155）。垂直起飞时，打开机身上部的进气口，通过导管把空气送给发动机。巡航时，上部进气口关闭。当然，现代飞机的机身形状和容积是由许多因素决定的，要实现这类设计还有不少技术问题。

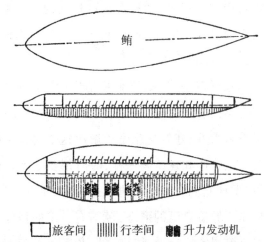

□旅客间　▥行李间　▦升力发动机

图155　鲔鱼外形（上）和设想中的把机身改成鲔鱼形的内部布置（下）

生物和建筑

一提起生物和建筑，人们往往就很自然地想起了蜜蜂。蜜蜂确实是著名的"建筑师"：它们用蜂蜡一昼夜能建造几千间住宅，而且每间的底边三个平面的锐角都是70°32′，体积几乎都是0.25立方厘米。马克思说过："蜜蜂建筑蜂房的本领使人间的许多建筑师感到惭愧。但是，最蹩脚的建筑师从一开始就比最灵巧的蜜蜂高明的地方，是他在用蜂蜡建筑蜂房以前，已经在自己的头脑中把它建成了。"这是对昆虫的本能和人类的思维的区别极其透彻的阐明。蜜蜂窝的这种结构早已被人们仿制出来了,由于工程蜂窝结构材料重量轻,强度和刚度大,隔热和隔音性能好,现已被广泛地用在飞机、火箭和建筑结构上。

最近 20 多年来,人们模仿生物设计了许多新颖的建筑结构,于是建筑仿生学便应运而生。一般,人们都要求建筑设计既节省人力、物力和时间,又美观大方。建筑仿生学为解决这个建筑学的"老大难"问题开辟了道路。

生物体和建筑物一样,时时都要受到各种自然力的作用。这些力的作用,促使它们在长期的进化过程中,形成了适合生存环境的种种形态。生物体要保持自己的形态,就需有一定的强度、硬度和稳定性。羽毛草和禾本科植物的长叶子,往往卷曲成筒形,香蒲植物的叶子则构成螺旋状,它们以弯曲的表面增加其强度和稳定性,以抵抗外力的作用,使叶面免于折断。模仿这些植物,人们设计了筒形叶桥(图 156)。

图 156 1200 米长的筒形叶桥

蛋壳、乌龟壳和贝壳等也有弯曲的表面,它们虽薄,但却耐压。这种结构在工程上已得到广泛应用,北京车站大厅房顶就是采用这种薄壳结构(图 157)。图 158 是具有海龟壳结构强度和形状的水下搜索艇在进行试验。最近,有人模仿鸡蛋设计了一种特殊的抗震房屋:外壳是用钢铁制造的,"蛋白"用耐高温玻璃、石棉等制造,人则住在相当于"蛋黄"的部分。这种房屋能抵抗强烈的地震,即使震翻了,也能自动复原。屋内贮有氧气、水和食物,在与外界完全隔绝的情况下,7个人也能在里面生活1个星期。也有人按鸡蛋的构造原理和形状,建造了"气泡屋"作为学校校舍(图159)。另外,在建筑物中,也有像贝壳似的餐厅、杂技场和市场(图160),这些结构既轻便坚固,又节省材料。

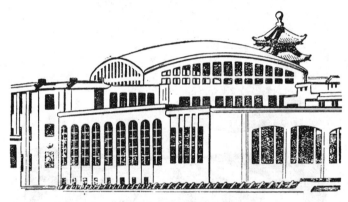

图 157　北京车站大厅

图 158　水下搜索艇

167

图 159 "气泡屋"

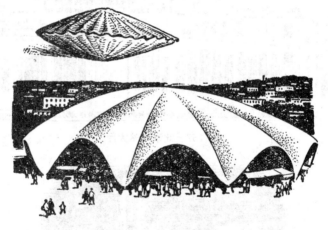

图 160 市场的顶盖

　　热带有一种浮在水面的花卉叫王莲,它的叶背面有许多粗大的叶脉构成骨架,其间连以镰刀形横隔。叶子里的气室使叶子稳定地浮在水面上。王莲叶的直径可达 1.5~2 米,一个五六岁的小孩坐在上面也不会下沉(图 161)。19 世纪末,一位花匠兼建筑师通过研究王莲设计出一种薄膜结构,并用钢和玻璃建造了一座"水晶宫"。这座展览厅结构轻巧,宽敞明亮,同时它也是现代关节结构和预制结构的先驱,为建筑学开辟了新方向。现在,这样的叶结构已被用于城市建筑和水上建筑。在模仿王莲叶子的展览会大厅屋顶上,还采用了皱折型叶子的特点，使两个肋骨低于中间部分。弯曲的纵肋和波浪形横隔使建筑物具有足够的硬度和稳定性。由于屋顶的应力集中在它们上面，可在肋骨之间安装许多天窗，使屋内光线充足，这种拱形屋顶很轻便，跨距可达95米，波浪形结构使之美丽如画（图162）。此外，王莲的叶结构，在工厂车间的平顶覆盖中也得到了应用。王莲的叶子不是简单地浮在水面上，它还得经受水波的作用。柔软的茎把它与水底连了起来，王莲叶子便仿佛像重心连在悬索上的板面。根据这个原理，人们建造了叶式浮桥。

图161　王莲的叶和叶脉

图162　展览会大厅屋顶

　　巴黎工业展览会的覆盖结构则类似另一种叶脉——弧状叶脉。这里，3个巨大的扇形叶，在拱形圆顶上以钝角接触，形成一个拱形屋顶。整个建筑支撑在3个支点上，各点之间距离216米。

　　植物在经常的风力作用下，有时也会发生形态变化。有人观察到山上的云杉，由于长年累月狂风的袭击，底部直径显著增大，树干成了圆锥形。风速越大，树干越矮。人们设计了类似圆锥形的电视塔，把它建造在风速80米/秒的山顶上（图163）。在风力的经常作用下，树根系统也会发生明显变化,使树对狂风有很大的适应性。仿照这种树根,有人设计了特别高的高层楼房,它就支持在按树根原理制成的地基上。

图 163　矮圆锥形的电视塔

有机体在生存过程中,需要适当的日光照射、温度和湿度,然而气候条件有时往往是不大理想的,这就需要有机体根据外界条件的变化进行自身调节。这些调节方法,可以启示人们去改善建筑设计。

在既不太热、又不干燥的地区,车前草的叶子一般呈螺旋状排列,其夹角为 137°30′28″,这样,每片叶子都能得到适当的太阳光。人们向车前草借鉴了调节日光辐射的原理,设计了一种住宅,它是呈螺旋状排列的 13 层楼房,每个房间都能得到充足的阳光(图 164)。

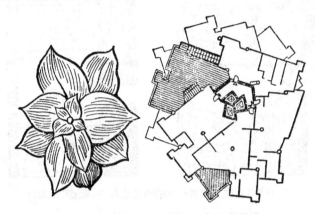

图 164 车前草的叶子排列和螺旋状楼房

植物表皮的气孔是调节湿度的特殊装置:如果进入植物的水分多于蒸发掉的,则细胞壁受到的压力(胀压)增大,关闭气孔的细胞被拉伸成马蹄形,气孔口便大开,以蒸发掉更多的水分。若气候干旱,蒸发掉的水分多于进入植物的水分时,气孔则关闭(图 165 左)。在建筑物围墙中可以创造类似的气孔——通风孔,它的开关将根据室内空气的洁净度、温度和湿度进行自动调节(图 165 右)。

细胞内的液体和气体都对细胞壁有一定的压力,它们分别叫作液体静力压和气体静力压,统称为细胞的胀压。如果把植物的嫩茎或叶子折下来,它们过一会儿就会开始变软和枯萎,这和细胞内胀压的降低有关。因而,苹果、葡萄、西红柿以及花瓣、鱼鳔等都可看作是一种气液静力压系统。

171

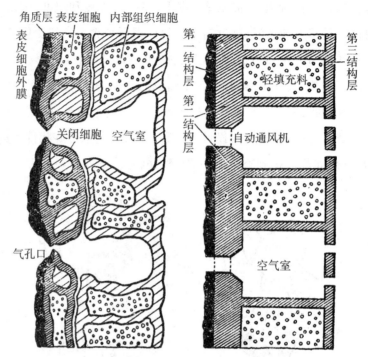

图 165 鸢尾属植物表皮的横切面和"呼吸壁"的设计

现在,气液静力压系统在建筑中已得到广泛应用,这种充气或充液结构,可用来建造厂房(图 166)、仓库、体育馆、剧场、餐厅、旅行帐篷和水下建筑等。这种建筑物的优点是轻便、施工快、好搬运,对暂时性的建筑尤为方便。建筑材料可用橡胶布、合成织物和金属薄片等。气液结构还有一个

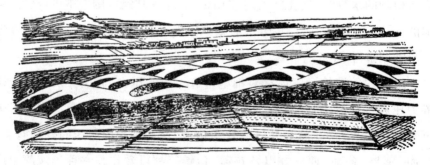

图 166 双层充气结构的工厂厂房

引人注意的地方,即可用来创造自动调节系统,调节小范围内的气候(小气候)。例如,在门窗的采光部分装上这种系统,天气热时里面的气体膨胀,通风口大开,能很好地通风;天气冷时,通风口自动关闭,以保存室内的热量。利用同样原理建造的帐篷可以自动调节太阳辐射:太阳光强时,充气壳自动加厚,阳光弱时则自动变薄(图167)。

图167　充气帐篷及其自动调节太阳辐射的原理

飞蝗的翅膀宽大轻巧,飞翔肌发达,能作长距离飞行。它的翅膀直翅脉呈辐射状排列,其间的横脉也排列成行,使得翅膀折叠时翅脉既不弯曲,也不旋转,整个翅膀的展开与折叠,犹如扇子之张合。人们仔细研究了蝗虫翅膀的构造和张合,设计出一种扇形窗篷以防日晒雨淋。图168展示了由两个半边构成窗篷,可见其折叠、半开半合的样子。

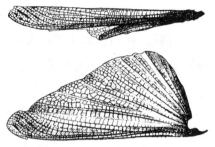

此外,研究生物界材料的机械性质、热、声、电绝缘性质和光学性质,将为我们创造更好的人工材料提供宝贵启示。例如,以前我们用纵筋条或横筋条来加固管子,但自然界的生物脉管却常用双螺旋或三重螺旋进行加固。图169显示用电子显微镜看到的硅藻内部结构,由于双螺旋的加固,使这些直径只有0.002毫米的细丝也有一定强度和刚度。它为现代航空设计提供了很好的模型,要知道轻而结实的管子对机身、火箭结构、喷气发动机的进气口和喷气口等都有重要意义。图中带有双螺旋的有机玻璃管就是硅藻的模仿品。在该管中,即使一条螺旋被外力破坏,

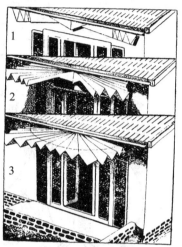

图168　蝗虫翅式窗篷

另一条螺旋还能保证管子完好可用,这就提高了管子的可靠性。

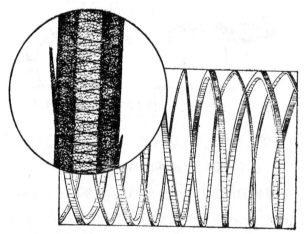

图169　硅藻(左)和有机玻璃管(右)的双螺旋加固

在生物结构中,有所谓紧密堆砌系统,即以同类元件或不同元件无空隙地填满一定的空间,它的显著特点是能节省大量材料。在城市建设中,也需要模仿自然界综合系统的构造方法。研究蜜蜂、海狸、鸟类应用的建筑"方法"和材料,对我们在水下、在宇宙中、在没有我们常见的材料的那些地方进行建筑一定很有参考价值。

事实说明,建筑仿生学能够经济而合理地解决许多建筑上的问题,以适应生产的阔步前进和城市的蓬勃发展。研究和应用生物的日光、温度和湿度调节,则可以改善城市的气候条件。在气候条件复杂的地区进行建设,建筑仿生学方法就显得特别有效。可以预料,建筑仿生学的研究不仅能促进建筑方法的完善化,在地面上创造出更适宜的生活条件,而且将帮助人类征服深海、地下和宇宙。

植物的数学

远在古代,就有人注意到某些封闭曲线与植物叶和花的形状非常相似。17 世纪发现的坐标法,把曲线的形象画法和与其相应的方程式统一成一种方法,即某个坐标系统中的曲线,可以用确定的方程式来表达;反之,某个方程式也可形象地以一个坐标系统里的曲线来表示。这样,就创造了研究曲线的新的可能性。

发现坐标法的数学家笛卡尔,就曾经应用坐标法研究了一族曲线——它们获得了富有诗意的名称"茉莉花瓣"。这种曲线的方程式是 $x^3+y^3=3axy$。在现代数学中,它们叫作"笛卡尔叶线"。后来,又有人尝试用方程式来表示花的外部轮廓。在数学中,这些曲线被称为"玫瑰形线",虽然也许它们的外观最像菊科的花。这些"花束",在极坐标系中,均可以用方程式 $\rho = a\sin k\varphi$ 来表示,其中 a 和 k 是正的常数。给 k 以不同的数值,可以获得有任何个花瓣的"花"。a 的大小确定花瓣的长度。

175

数学工作者们对植物的叶子和花朵做了研究，得到了一系列方程式，它们近似地表达了槭树、酸模、柳树、常春藤、三叶草和睡莲的叶子形状。许多自然爱好者都知道图170所画的植物叫三叶草，但如果改用方程式 $\rho = 4(1+\cos 3\varphi+\sin^2 3\varphi)$ 来描述，能想象到这种植物叶子形状的人就不太多了。此方程在极坐标系统里建立的曲线，精确地重复出三叶草的叶子形态。另外一些植物的叶子方程式是：

酸模：$\rho = 4(1+\cos 3\varphi-\sin^2 3\varphi)$；

睡莲：$(x^2+y^2)^3-2ax^3(x^2+y^2)+(a^2-r^2)x^4 = 0$；

常春藤：$\rho = 3(1+\cos^2\varphi)+2\cos\varphi+\sin^2\varphi-2\sin^2 3\varphi\cos^4\dfrac{\varphi}{2}$（图171）。

$\rho = 4(1+\cos 3\varphi+\sin^2 3\varphi)$

图 170　三叶草及其叶子
　　　　形状的数学描述

图 171　睡莲（上）和长春藤（下）

植物的种子排列也是数学的研究对象。例如，业已查明，在向日葵的花盘中，种子是按特有的对数螺线的弧排列的。在极坐标系中，对数螺线以 $S = a^\varphi$ 类型方程式来表达，式中 a 为任意正数。当 a 小于1，螺线反时针方向弯曲;当 a 大于 1 则是顺时针方向弯曲。

如果从嫩枝的顶端看下去,常可看到叶子的排列也是对数螺线。叶子在螺旋线上的距离,竟服从"黄金分割律"! 把量 a 分成 x 和 $a-x$ 两部分,使 x 为 a 和 $a-x$ 的几何平均值 $x = \sqrt{a(a-x)}$,这就叫量 a 的"黄金分割"。因此,相邻叶子之间的距离就构成有规律的数列。

所有这些曲线的研究,在数学和技术的发展中都起了不小的作用。例如,已搞清了玫瑰形线与摆线之间有极密切的联系。原来,玫瑰形线是某些机械的点描画的轨迹。对数螺线与其所有向量半径成同样角度相交,如果旋转的切削刀沿着曲线的弧运动,则可确定恒定的切削角。这样的刀已被用在锄草机上。这个性质也可用于流体技术:使输送水流给水轮机的导管具有对数螺线的形状。在这种情况下,向量半径与切线角度的恒定,使得水在导管里流动方向改变时耗损的能量减少。

除了叶、花外,植物的茎和叶柄横切面,果实和叶脉也有一定的几何形状。拿来一片绿叶,你会看到上面有纵横交错的叶脉(图172),它们是叶子的"运输线"——维管束。叶脉所取的几何图案,要使维管束的数量最少,而得到的运输效果最佳。叶脉图案和叶片形状也有最经济的对应关系。因此,在设计供水或煤气的管道系统时,或许可以向植物借鉴。例如,如果敷设管道的地区狭长,犹如高粱、玉米叶子那样的形状,导管系统就应有接近这些植物叶脉的图案。目前这虽然还是设想,但将来有可能得以实现。

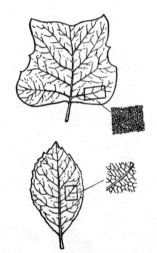

图 172　不同植物叶子的叶脉排列

在亿万年的进化过程中,生物对本身的"技术"问题选择了最理想的解决方案。例如,在人和动物的血液循环系统中,血管不断分成两个同样粗细的分支,其直径缩小的比例为 $1 : \sqrt[8]{1/2}$。计算指出,在这种分支导管系统中，液流的能量消耗最小。又如，血液中的红细胞、白细胞、血小板等平均占血液的44%。而计算指出，当液体含有43.3%固体物质时，随同液流运输的固体量最大。毫无疑问，这样一些生物系统最优化的研究，将为某些工程系统提供新的设计思想。

第七章　新的能源

模仿肌肉的机器

鸟飞，兽走，鱼游；人进行体力劳动和走路，力量都来自身体的肌肉。

动物的活肌肉能在一瞬间收缩至放松状态的 1/3 以上，同时完成一定的功。全世界动物的活肌肉，每年输出的机械能是非常大的，它是由食物的化学能通过直接的因而更有效的过程产生的，效率高达 80% 左右。相比之下，全世界机器的机械能总输出量就小得多了，而且几乎全部是从化学能或原子能获得的。它们需得通过一个间接的形式——热，才能转变成机械能，因而效率是不高的。现代涡轮机的效率算是比较高的了，也只有 30% 左右。虽然功率越大，效率越高，但还是有 70% 的能量损失掉了。怎样使机械效率提高 2~2.5 倍呢？或许应当创造巨型的涡轮机吧，可惜这样并不能解决问题。而仿生学却可以给我们提供一些宝贵的启示。

肌肉是怎样工作的？现在一般用电和化学力来解释。人们根据这个理论，用聚合物创造了"人造肌"。把它放在一定的介质中，这种"人造肌"便能十分强烈地收缩和松弛。这种"机械-化学机"能直接把化学能转变为机械能。一种典型的"人造肌"是用聚丙烯酸制成的（图 173）。这种聚合物约由 1000 个酸单位构成，好像一串珠子（图 174）。从溶液性质来看，聚

179

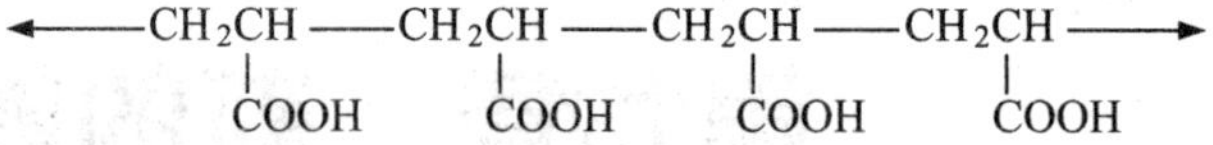

$$\longleftarrow\text{—CH}_2\text{CH—CH}_2\text{CH—CH}_2\text{CH—CH}_2\text{CH—}\longrightarrow$$
$$\text{COOH} \qquad \text{COOH} \qquad \text{COOH} \qquad \text{COOH}$$

图 173　聚丙烯酸分子

丙烯酸分子是个疏松和近似球形的线团。若把它溶解在水里,线团形状将受到其他溶质的影响。例如, 我们加入氢氧化钠(NaOH),聚合物分子中的酸基被OH⁻中和,结果得到了带有负电荷的分子。因为负电荷相互排斥,各组成单位相互分离,聚丙烯酸分子就被拉长。

图 174　聚丙烯酸分子的形状和它伸长的原理

这种"拉长"分子的溶液的物理性质,与原来的溶液大不相同,例如,黏滞度大大增加。但这个过程是可逆的。如果我们再加入盐酸(HCl),酸基复原,负电荷消失,线团再现通常的形状,黏滞度也下降到原来的数值(图 174)。

　　为了赋予这种变化以实际用途,我们把聚合物拉伸和收缩时发生的显微形状变化,转变成宏观的变化。为此,我们把聚合物埋置在一种富有弹性的,但并不那么惰性的聚乙烯醇薄膜内。后者也是链状结构,但不与NaOH 和 HCl 发生反应。两种聚合物的膜的制备方法是:把两者浓度相等的溶液涂在玻璃板上,使溶剂蒸发;再把干膜加热至120℃达30分钟,以建立分子链间的横向交联,得到一种三维的聚合物网。这样一种结构虽然不溶于水,但能发生膨胀。两种不同的相反的力决定了它的膨胀:没有交联的聚合物分子溶于水,使其膨胀,但它被横向交联的约束力所抵消,力求恢复原来的样子。如果我们加入 NaOH,则打破了这个平衡,它将进一步膨胀。碱中和了丙烯酸中的某些酸基,在分子内部产生了负电荷。这种负电荷是固定在分子里的,不能离开薄膜。相应于这部分负电荷,有一部分钠离子(Na⁺)进入膜内,后者有溶解于水的趋势。但这部分 Na⁺是离不开薄膜的,因为即使有百万分之一克Na⁺离开了,由此产生的电压足以迫使它返回。所以有越来越多的水进入此网状结构,膜也继续膨胀,直到Na⁺的溶解力和交联网的维持力达到平衡为止。用这样的方法,可使聚丙烯酸—聚乙烯醇膜的长度增加100%。若再加入HCl,它排除了膜内的水分,导致膜的收缩。

这样,我们就创造了一种简单的机器,它能做一些有用的功,例如克服重力提起重物。这种机器的"发动机"由聚丙烯酸—聚乙烯醇薄膜构成,其"燃料"是NaOH和HCl。它的第一个"冲程"是加入NaOH,薄膜变松弛。若把重物连在它的下面,当膜放在HCl中时,由于收缩提起了该重物,并把重物提到台子上。再加入NaOH,膜又成伸长状态。如此往复不已,就像人胳膊的肌肉那样,能把相当多的东西提放到台子上。据实验,1厘米宽的"人造肌"带能提起100千克重的物件。它所做的机械功是由化学能直接转变来的,测量不出热的释放(图175)。

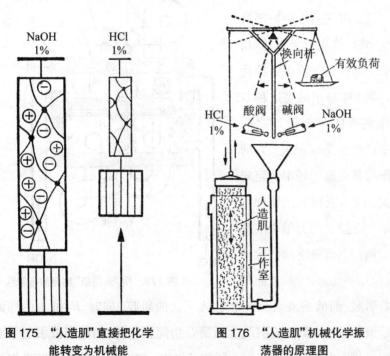

图 175　"人造肌"直接把化学
能转变为机械能

图 176　"人造肌"机械化学振
荡器的原理图

图 176 是机械化学振荡器的原理图。其中的运动元件是由若干聚合物薄膜制成的"人造肌"。借助极灵敏的阀门,例如针状阀,把不同的化学液体(NaOH 和 HCl)交替注入工作室。这一装置能按反馈通道进行自动调

节,也可以用手来操纵阀门。在初始状态,"人造肌"处于中性介质例如蒸馏水中,这时即使有小的偏离,系统仍能保持稳定。为了激起振荡,必须使换向杆有较大的偏斜。假设它偏向左面,则酸溶液注入工作室,使聚合物薄膜发生收缩,因而,换向杆向平衡位置移动。但运动并没有停止在初始的中间位置,结果,换向杆移到了右边的位置。这时,碱溶液注入工作室,使薄膜伸长,于是换向杆作返回运动。如此往复循环,直到储备的酸碱溶液消耗殆尽。振荡是等幅的,其周期决定于聚合物膜的成分和厚度,以及酸碱溶液的浓度。在不大的范围内,改变溶液的浓度可使自动振荡周期发生变化。

用两个"人造肌"(工作相相反)构成的自动振荡机械化学机,像生理学中的"拮抗肌"那样,有着重要的优点。图 177 显示的是这种双动作装置的可能设计之一——自动振荡容积泵。它的工作与其在重力场中的定向无关,因为隔膜的正反冲程是用"人造肌"的力量来实现的。例如,当隔膜向上运动时,碱溶液由 A_1 压入上面的

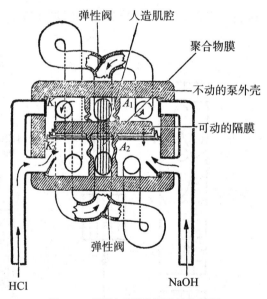

图 177 用"人造肌"制造的容积泵

人造肌腔;而酸溶液则由 K_1 室注入下面的肌腔。同时,K_2 和 A_2 由外面的贮液箱汲取溶液。碱溶液引起上面聚合物薄膜伸长,而酸溶液引起下面薄膜收缩,结果隔膜向下运动。在隔膜运动时,整个泵室的容积发生变化。此时,汲取运动表现为上室 K_1 和 A_1,而溶液从下室 K_2 和 A_2 压入肌腔,但已是相反的顺序:酸注入上肌腔,碱注入下肌腔。这就引起聚合物膜的相反变形,使隔膜又向上运动,等等。为了防止两种溶液的混合中和,在碱和反馈

酸导管的接合处都有弹性阀，它们可被液流所偏斜。这种泵的外壳不动，只是隔膜进行运动。也可以创造外壳脉动的装置，因而可以用来模拟心脏的结构和血液的流动。

上述试验使我们有可能设计出一类新型的发动机——肌肉式发动机。它们将在常温常压的"温和"条件下，把化学能直接高效率地转变为机械能，并且工作起来不产生令人厌烦的噪声，也不排出有害的气体。下面我们来谈谈三种可能实现的设计方案。

在图178所示肌肉式发动机模型里，两块人造肌1和2"面对面"安装，它们工作时此张彼弛，像是人体的拮抗肌。它们在 A 液作用下收缩，而 B 液使它们放松。现假定人造肌2收缩，1放松，机器运动部分便向右移动。于是，联杆5向右推动阀门杆6，堵塞 A 液流入工作室4，B 液流入工作室3的管道，而使 B 入4，A 入3，造成人造肌1收缩，2放松，使运动部分转而向左移动。这样，周而复始，循环不已，机器便连续动作起来了，它带动别的机器7就能进行工作。

另外一种模型是自灌洗肌肉式发动机（图179），与前者不同之处就在于使化学溶液在导管里交替流动的压力来自人造肌本身的运动。这个模型里有四个容积可变的涨缩箱6、7、8、9，机器工作过

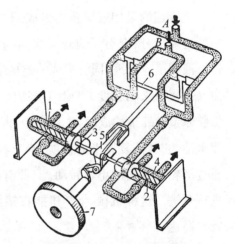

图178　肌肉式发动机模型

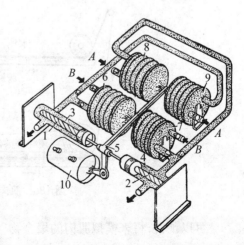

图179　自动灌洗肌肉式发动机模型

183

第七章　新的能源

程中总有两个涨缩箱被压缩而向人造肌输送工作液,另外两个则扩张而由工作室吸回"用过"的工作液。液体流动的方向由管道里的阀门控制。现假定人造肌 1 收缩,2 放松,机器运动部分向左动,联杆 5 使 6、8 两箱压缩,7、9 两箱扩张。结果,使 6 内的 B 液(松弛作用)流入工作室 3,8 内的 A 液(收缩作用)压入工作室 4;同时,3 和 4 内原先的 A 液和 B 液分别吸入 9 和7。于是,人造肌 1 放松,2 收缩,机器的运动部分转而向右移动。如此往复不已,便能驱使抽气机 10 工作起来。

更有趣的是用胶原蛋白做成的"肌肉发动机"。胶原蛋白是皮肤和皮革的主要成分,其分子有螺旋状结构,类似螺旋弹簧。胶原蛋白浸入溴化锂溶液则迅速收缩,同时完成一定的功;然后用纯水将溴化锂洗去,胶原蛋白又恢复原来的长度。"肌肉发动机"就是根据这个原理工作的(图 180):由胶原蛋白纤维构成的"主动皮带"通过溴化锂溶液池时收缩,然后经过蒸馏水池,它又恢复原来的长度。当它收缩时,"皮带"旋动左面的小轮,它又通过滑轮使右面的小轮转动。只要有溴化锂溶液和纯水,这个过程能一直进行下去。这种机械-化学机能直接把化学能转变为连续转动的机械能,效率高达 65%。

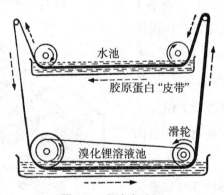

图 180　肌肉发动机

可以预料,将来模拟肌肉的聚合物"发动机"能以淡水和咸水作"燃料",从中获取大量的机械能。事实上,河水和海水之间化学能的差别是值得注意的。这种目前还是无益的能量,将由人造肌来加以应用。

生 物 光 源

人们为了工作和学习,经常需要天然的或人工的照明。地球一诞生,太阳光便开始普照大地。人类先学会了用火照明,后来才发明了电灯。但是,电灯只能将电能的很小一部分转变为可见光,其余大部分都以红外线形式变成热浪费掉了,而且这种热线还有害于人眼。

有只发光不发热的物质吗?

有。这就是生物发的光,由于不产生什么热,所以又被称为"冷光"。关于生物光的应用,我国早就有记载。《古今秘苑》中就曾经记载过荧光捕鱼的生动情景:"取羊膀胱吹胀晒干,入萤百余枚,系于罾足网底,群鱼不拘大小,各奔其光,聚而不动,捕之必多。"这是世界上最早的"灯光捕鱼"。在1900年的巴黎世界博览会上,光学馆有一间与众不同的展览室,室内格外明净,它的"灯光"不耗费电力,而是来自玻璃瓶中的发光细菌。

能发光的生物种类繁多,包括细菌、真菌、蠕虫、海绵、珊瑚虫、水母、甲壳类、软体动物、鱼类、昆虫等(图181)。在两栖类、爬行类、鸟类和哺乳动物中没有发光生物。在发光生物当中,多数是海洋生物。它们大多栖息在海洋深层——这里笼罩着永恒的黑暗,在这里,潜水员和航天飞行员遇到的情况差不多:周围黑沉沉的,只有繁星似的闪光——生物光。但是,这里要比宇宙空间热闹,更加瑰丽多彩(图182)。你看那鮟鱇鱼,头顶上长着一根天线状的鳍,末端垂挂着类似小灯笼的发光器。这盏小灯发散柠檬黄色的光,使凶猛的深海动物误认为小鱼,当它猛扑上去的时候,却落入了这位"姜太公"之口。还有一种小乌贼,被惊动时,能抛出发光的云状物,使来犯者吓一大跳,以便自己在云雾的掩护下溜之大吉。

185

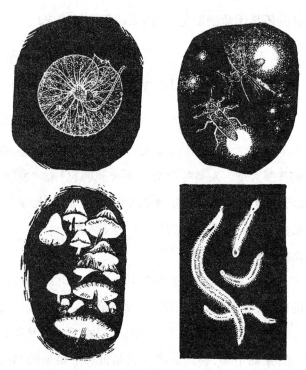

图 181　几种发光生物（夜光虫、萤火虫、发光菌、砂蚕）

　　生物光通常是淡蓝色的,有时也杂有其他颜色。例如,萤火虫发淡黄色和淡绿色光。有一种甲虫,它的幼虫能同时发出两种颜色的光:前头是鲜红色的帽子,身体两侧则是由淡绿色光点组成的带子,黑暗中看起来异常动人。夜间,它通常只是头部的鲜红色斑点发光,好像是点燃的香烟头。如果它们受到强烈惊扰,则立即燃起两侧的灯火。若把这种幼虫卷成圆圈,则红光点位于绿光点构成的圆环当中,看上去好似远方开来的火车的信号灯。因此,人们通常称它们作"铁路虫"。

　　世界上有许多地方可以看到生物发光的动人场面。当数以百万计的单细胞海洋生物燃起自己的小灯时,奔腾的海浪看起来像火舌一样;而在布满发光微生物的水中, 游动的鱼体则环以神话般的光晕。从远古时候起,人们常把这种现象称为"海火"。在南方的山洞里,有时也有异常美丽的景色:山洞穹顶,千百万只萤发出吸引苍蝇等小昆虫的类似金银线的亮丝。若走进山洞里去的人说话声音过大，或猛击几下洞壁，顷刻间光亮即逝，好像关了电门一样。一会儿，一个接一个又燃亮了自己的小灯，犹如晚上城市点起了万家灯火，整个洞顶很快又被照耀得亮闪闪的。

萤火虫约有1500种，它们发出的光各不相同。有的每回陆续发3次短暂的淡黄色光，有的发5次橘红色光，每两次的间隔为2~10秒钟。在炎热的夏夜，一片黑暗中显现出流动的闪光，则表示萤交尾期的到来。为避免可能的误会，每种萤都有自己特有的求偶信号。一种普通的萤，雄萤在地面上1~2米高处飞舞时，发出短暂的闪光；一段时间后，附近草地上的雌萤便发出回答闪光。雄萤得到信号后，便飞向雌萤，同时继续发放信号，直到雌雄相会。如果你想试验一下，那么，当你用手电筒灯光给它发信号时，可能萤会回答你，并前来赴约呢。

萤火虫的发光器官位于腹部。透明表皮在发光细胞层上面形成小窗孔，发光层下面是由反光细胞构成的反光层。发光层内有几千个发光细胞，它们含有两种发光物质：荧光素和荧光酶。荧光素是光的产生者，它是一种耐高热的物质，易被氧化，荧光酶是催化剂，它是一种不耐热的、分子量不大的结晶蛋白质。在荧光酶的作用下，荧光素在细胞内水分参与时，与氧化合发出荧光。氧是沿气管——构成昆虫呼吸系统的细管，进入发光细胞的。但是，昆虫体内荧光素的储备是有限的，

图182　海底发光鱼

187

要一次又一次地点亮活灯笼,又从何处取得能量呢?后来查明,存在于一切生物体内的一种物质充当了能源,这就是所谓三磷腺苷,简称ATP,它是一种高能化合物,我们人体运动也是由这种物质提供能量的。我们可以用实验来证实:把许多只萤的发光器取下来,干燥,并研成粉末。将粉末放入玻璃皿,并与水掺和,混合物便发一个时候淡黄色光,而后熄灭。如果这时把由兔肌中提取的 ATP 溶液加入混合物,则会迅速复燃,而且光线足够明亮,以致可在盛放混合物的玻璃皿近旁看书。在战争情况下,可以把它们涂在手掌上来看文件、查地图,而不易被敌人发觉。由此可见,高能化合物 ATP 复活了混合物中的荧光素。在活萤的发光细胞里,荧光素在每次发光后都依靠与 ATP 相互作用而重新再生。萤的发光过程是受神经系统调节的。若我们向通往发光器的神经纤维发送电信号,则能成功地人工引起闪光。一旦切除主要的调节中枢——萤脑,荧光便在瞬间终止。至于神经调节的原理,暂且还不了解。萤的发光效率非常高,几乎能将化学能 100% 地转变为可见光,为现代电光源效率的几倍到十几倍。

近年来,人们在研究萤的发光中获得了巨大成就。先是从荧光器中分离出了纯荧光素(为提取像一张邮票那样重的荧光素,需要 3.3 万多只萤),后来又分离出了荧光素酶。接着,人们又用化学方法人工合成了荧光素——冷光源。由荧光素、荧光酶、ATP 和水混合而成的生物光源,可在充满爆炸性瓦斯的矿井中当闪光灯,或为蛙人提供水下发光灯。由于没有电源不会产生磁场,因而人们可以在生物光源的照明下做清除磁性水雷等工作。ATP 既是生物发光系统的组分,也是一切活有机体的化学成分。因此,可用荧光素——荧光酶系统来测定是否有 ATP 以及数量多少,即可作为生物的探测器。配以灵敏的光电系统,这种探测器可发现 10^{-15} 克的 ATP,甚至还能把灵敏度提高上百倍。这样,把它发往高空或其他星球表面,就能探知那里是否有生物存在。用它来检测尿道感染,几分钟就能得到结果,而且能发现为数不多的细菌,比过去的诊断方法灵敏而快速。

现在，人们已能用掺和某些化学物质的方法得到类似生物光的冷光，作为安全照明用。看来，大规模应用冷光的那一天为期不是很远了。例如，创造不辐射热的发光墙或产生冷光的发光体，它们对于手术室和实验室是非常方便的，当然也会给人们的生活带来许多好处。到那时，大概电灯或随便什么别的光源都不受欢迎了。

绿色的工厂

"万物生长靠太阳"。无论古今中外，人们都把太阳看成光明和热力的象征。动物肌肉收缩的机械能，萤火虫发光的光能，最终都来自太阳的光能。当然，太阳能不会直接变为肌肉收缩的机械能和发光生物发出的光能，在中间起联系作用的，便是绿色植物和某些细菌。在阳光的照耀下，它们利用水和二氧化碳合成动植物需要的有机物质的过程，就是大家熟知的光合作用。

光合作用是地球上规模最大的太阳光能利用过程。有了它，地球大气的氧含量才从原始的0.05%以下增长到21%，确保今日地球上的生物生生不息，有了它，我们才有了煤、石油、天然气等矿藏，为现代工业提供了动力和原料；有了它，我们才能每年都收获许多粮、棉、油和木材，使人类社会得以生存。这个"伟大的劳动者"就是普通的绿色叶子。

我们若把植物叶子做成切片，放在显微镜下观察，便会发现绿色的物质——叶绿素集中在一个个小颗粒——叶绿体里，叶子的其他部分基本上是没有颜色的。每个绿色细胞含有几十个甚至几百个叶绿体。有人计算，一棵树冠覆盖30~40平方米地面的大树，约有20万片叶子，里面的叶绿体就有500亿个，它们的总面积竟达2万平方米！叶绿体的形状变化很大，最不规则的是藻类叶绿体，而高等植物的叶绿体是比较规则的。从上面看，叶绿体呈圆形或卵圆形，横向大小约5微米；从侧面看，呈圆盘状或椭圆球状,高约 2~3 微米。叶绿体本身也不是均匀的,绿色集中在一个个微小的颗粒——基粒里。用浸渍和离心法可将基粒从叶绿体里提取出来,并可把它们打碎成许多圆盘。这些圆盘像一叠硬币那样堆成基粒。一个基粒往往含有 20~30 个圆盘,有时可达 100 个。基粒直径约 400~800 纳米,高 400~900 纳米。在基粒之间(基质),通常有不少淀粉粒。用电子显微镜在叶绿体中发现了一个片层系统,表明基粒和基质并没有很大差异,它们的区别仅在于,基粒里的片层结构比基质里的多且有秩序(图183)。

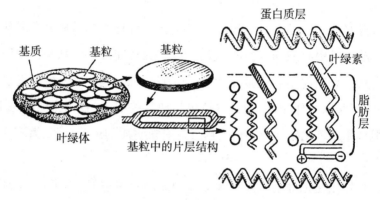

图 183 叶绿体的构造

这种片层结构是生物体中最基本最普遍的一种结构形式。除叶绿体外,视网膜、神经元、线粒体、细胞膜等都有片层结构。这种结构,是细胞内物质运输、能量转变和传递的基地。一般认为,叶绿体中的基粒是光合作用的单位;但近年来有人发现,基粒中有更小的结构单位——量子体,它能将太阳光能转化为化学能。量子体的直径约 200 埃,含有 200~300 个与蛋白质结合的叶绿素分子。这些量子体能吸收光并实现光合作用过程的若干步骤。

物理学告诉人们,太阳光不是别的,而是能量质点——光子流。太阳光照到植物叶子上,光子被叶绿素分子吸收,我们就说叶绿素分子处于激发态了。这是什么意思呢?每个分子都是原子的化合物,而原子本身又由核和周围的电子组成。在稳定状态下,电子在离核一定距离的轨道上运动。吸收了光子能量后,电子被激发了,它就跑到离核较远的轨道上运动。但这是不稳定的,被激发的电子力趋回到原先的状态。然而,被激发电子不是一下子就能回来的,它要通过一系列复杂的分子化学转变链"阶梯",在每一阶段上只释放出光子能的一小部分。这就是电子的传递过程。

在电子传递过程中,经过一系列复杂的化学反应,水分子被分解放出氧气,其中的氢与从空气中吸收的二氧化碳化合生成葡萄糖。结果,太阳的光能就变成了化合物的化学能,叶绿素分子又回到了原来的状态:

$$6H_2O + 6CO_2 \xrightarrow[\text{叶绿素}]{\text{日光}} C_6H_{12}O_6 + 6O_2$$

依靠这样的光合作用,取之不尽的二氧化碳、用之不竭的水变成了糖(图184)。绿色植物不仅能合成糖类,而且能在某些酶的作用下合成蛋白质、脂肪、维生素等有机物质。所以,叶绿体也是一个非常复杂的"化工厂"。毫无疑问,如果人类能成功地模拟叶绿体中的生物催化及其调节功能,那就会引起有机合成化学工业的深刻变化,也将为人工合成食物开辟一条崭新的道路。但是,

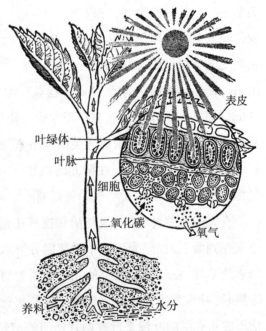

图184　植物的光合作用

农业是人类社会赖以活动的基础,现代农业是大规模利用太阳能最经济的方式,农业生产永远是人类生存的物质基础。如果认为随着科学技术的发

展,人工合成食物将代替农业生产,那就错了。

同时,光合作用的模拟也将为我们提供燃料或电能。要知道,在光合作用的初期,水分子(H_2O)被日光能分解为氧气(O_2)、氢离子(H^+)和电子(e^-)。如果我们想办法把 H^+ 与 e^- 结合,变成氢气(H_2)后抽走,这样的模拟系统就变成了氢气发生器。若能把电子交给电极,它就是光化学电池。图 185 表示一种光化学膜设计,它只允许激发电子和质子通过。敏化剂受光子激发后,把电子交

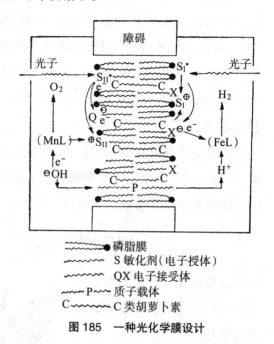

磷脂膜
S 敏化剂(电子授体)
QX 电子接受体
P 质子载体
C 类胡萝卜素

图 185 一种光化学膜设计

出来,旋即被铁的化合物（FeL）捕获。电子离开后的空穴由锰的化合物（MnL）填补,而 MnL 又从 H_2O 里拿走一电子补缺,产生 O_2 和 H^+。质子被其载体运过膜去,电子则通过类胡萝卜素"导线"传到膜的另一边。FeL 把 e^- 和 H^+ 结合成 H_2。于是,在阳光的照耀下,水被分解成氢气和氧气。氢气是将来可代替石油和天然气的好燃料。

有人把菠菜叶绿体、氢化酶和铁氧还蛋白构成一个系统,蛋白质把叶绿素连到酶上,在阳光下这个系统能分解水而得到氢。人们用氧化锌作叶绿素的基底,发现这个系统的光电性质类似进行光合作用的叶绿素。当有光照时,叶绿素吸收光能后把电子交给氧化锌,便能产生出电流来。有人把形成水夹层的叶绿素放在两片透明的塑料薄膜之间,将这样的"人造叶"暴露在阳光下,也能产生出可测量的电压。据报道,现已研制成一种小型装置,它捕捉阳光后,能把水、二氧化碳转变为氢、氧和能量。

微型动力站

　　肌肉的收缩,神经的传导,电鱼的放电,飞萤的闪光,细胞的分裂,分子的合成,生物体和细胞的"一举一动"都需要能量。这些能量归根结蒂都来自太阳光。植物的光合作用把二氧化碳和水合成碳水化合物,将太阳能"固定"在其中;动物吃了植物制造的食物,一方面把它作为"建筑材料",构成细胞的结构和功能单位,另一方面又把它作为"燃料",以释放出其中贮存的太阳能。这就是线粒体的本职工作。

　　线粒体是一种细胞器,只有千分之几毫米大小。线粒体有两层脂蛋白膜:外膜平滑,把线粒体与细胞质隔开;内膜有许多皱折,叫作嵴,上面有许多小颗粒。嵴膜之间的空间充满着基质(图186)。溶解在基

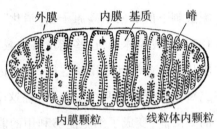

外膜　　内膜　基质　　嵴

内膜颗粒　　　　线粒体内颗粒

图186　线粒体的构造

质里和固定在膜上的酶有 50 种左右。此外,线粒体里还有 DNA 和 RNA,能够自我繁殖。现在发现,一切生物的细胞里都有线粒体,区别仅在于其组织结构不同。线粒体是细胞的能量转换器,故消耗能量多的细胞具有的线粒体个数也多。大家知道,心脏肌肉细胞最劳累,即使人熟睡时它们也得工作,需要的能量比腰肌细胞大得多。因此,心肌细胞里的线粒体数比腰肌细胞多 50 倍。

　　我们吃的食物主要是碳水化合物、脂肪和蛋白质。食物在嘴里咀嚼后,经过食道下到胃里,然后再到肠子里。在消化过程中,它们分别受到淀粉酶、脂肪酶和胃蛋白酶、胰蛋白酶等的作用,分解成较小的分子,然后被胃和小肠壁细胞吸收,由血液"分配"给身体各部分的细胞。在这里,这些物质还要进一步分解,变成简单的葡萄糖、果糖、氨基酸、脂肪酸和甘油。

随食物进入人体的 DNA 和 RNA，也在相应的酶作用下分解为核苷酸，或更小的分子片段。

现在，这些物质已为细胞所有，加入了它的"代谢库"。有的加入了细胞的"建筑"，有的作为"战略物资"被贮备了起来，有的则被当作燃料送进了"锅炉"。细胞的上等燃料就是葡萄糖。这种含有 6 个碳原子的单糖，在细胞质里经过一系列化学变化，释放出它所贮藏的部分太阳能，生成两个丙酮酸分子。丙酮酸进入线粒体，便开始了著名的"三羧酸循环"。丙酮酸"消化"掉一个碳原子，放出一些能量，与另一种物质形成乙酰辅酶 A。它与含有 4 个碳原子的草酰乙酸结合，生成柠檬酸，经过异柠檬酸、草酰琥珀酸、α-酮戊二酸、琥珀酸、延胡索酸和苹果酸，最后又回到草酰乙酸，只是丙酮酸剩下的那两个碳原子被"消化"了，贮藏的能量也被全部释放出来（图187）。在线粒体里，这些能量被贮藏在三磷腺苷（ATP）的高能键中，以供细胞从事生命活动之用。这样，每个丙酮酸分子消耗五个氧原子，变成三个二氧化碳分子和两个水分子。在这个氧化还原过程中，丙酮酸分子所贮藏的太阳能，变成了细胞能够利用的能量形式。细胞消耗能量的 3/4 是来自线粒体中的三羧酸循环，所以线粒体被称为细胞的"动力站"。

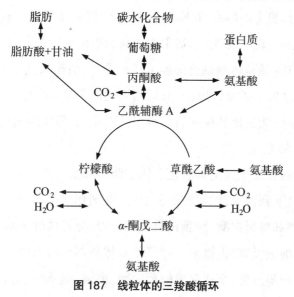

图 187　线粒体的三羧酸循环

细胞内的葡萄糖一旦用完,生物就该动用"库存"了——动物的糖原或植物的淀粉。这两种物质都能变成葡萄糖。但在动物的生活当中,往往会出现葡萄糖耗光、糖原殆尽的"惨局"。这时,生物只得动用第二个能源——脂肪。营养好的时候贮备的脂肪,到饥饿或营养不好时就该派用场了。脂肪分子进入肝脏,受脂肪酶的作用分解成脂肪酸(主要是硬脂酸、油酸和软脂酸)和甘油。如果脂肪能完全氧化,它产生的能量比碳水化合物的氧化还多。但可惜好景不常在。脂肪的氧化往往半途而废,形成的许多中间产物不再进一步转变,就被作为废物排泄出去了——实在太浪费了!如果脂肪贮备也被这样"大手大脚"用完了,那就会出现最糟的情况:只好忍痛割爱,动用性命攸关的蛋白质。因为蛋白质是整个生命过程的基础,感觉、运动和生物合成等都离不开蛋白质。蛋白质的氧化也主要是在肝细胞里进行的,这就加重了肝脏的负担。此外,组成蛋白质的氨基酸分解产生的氨,对细胞有剧毒,生物又不得不赶忙把它转变成尿素,以使其随尿排出体外。这就又加重了肾脏的负担。所以,一器官受害会累及另一器官,一种病可能并发另种病。

在酶的参与下,细胞内化学反应速度非常快,特别是氧化还原反应。这是人类技术难以望其项背的。例如,把白色丙酮酸晶体置入玻璃瓶,即使有足够的氧气,也只能成年累月"原封不动"地放在那里。一旦丙酮酸分子到了活细胞里,在千分之几秒的一瞬间,它就被线粒体氧化成二氧化碳和水,并释放出其中的能量。

线粒体的能量转换效率也很高。我们知道,任何机器都不能把供给它的能量全部转变为有用功,这两者的比值叫作机器的效率。一般蒸汽机的效率为20%~25%,目前最完善的涡轮机效率也只有30%左右。但是,葡萄糖的生物氧化效率是很高的。在氧气中,燃烧1摩尔葡萄糖,生成6摩尔水和二氧化碳,释放出673千卡热能(与光合作用相反)。而在活细胞内,一个葡萄糖分子被分成两个丙酮酸分子,它们在线粒体里被完全氧化掉。在这整个过程中,细胞获得38个ATP分子。每克分子ATP变成ADP可放出8千卡能量。所以,1摩尔葡萄糖被氧化,共有304千卡能量可供细胞用,能量转换效率约为 45%。

　　能量转换是现代工业的基础。如果我们能把机器的效率提高到生物系统那样的程度,笨重的机器就会面貌一新,能源的消耗也将相对减少。

电鱼和伏打电池

　　我们经常和电打交道,但你可知道在人体里也有电?我们的神经、肌肉和腺体组织在活动时都会产生微弱的电流。例如,心脏的跳动,在我们的身体表面会产生 0.001~0.002 伏的电压。拥有 100 多亿神经元的脑,输出电压为 0.00002~0.0001 伏,还可以被固定在头皮上的电极接收,用脑电仪记录下来呢。

图 188　电鳐、电鲇和电鳗

有些鱼具有专门的电器官，能在身体外面产生很可观的电压，它们被称为"电鱼"（图188）。例如，电鲶的放电电压达350伏，电鳗竟达500伏！有一些弱电性的鱼，即使它们产生的电压很低，但也远远超过了从人和其他动物身上记录到的电压。生物产生的电人们统称为生物电。

现在已知的电鱼有500多种，被我们仔细研究过的只有20种左右。它们的电器官由许多叫作电板的盘形细胞组成，这些细胞排列成柱状的阵列。每一电板浸润在细胞外胶质中，并包以结缔组织。电板的一面上分布有神经，胶质中有毛细血管网。各种电鱼的电器官的位置、形状、电板数都不一样。例如，电鳗的电器官是长棱形的，

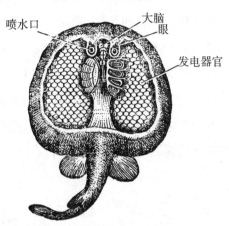

图189　电鳐电器官的构造

位于尾部脊髓两旁。电鳐的则在身体中线两旁，形似扁肾，电板排成六角柱体，2000个电板柱中共有200万块电板（图189）。电鲶的电板数更多，竟达500万块！

电鱼的电器官一般起源于尾肌或鳃肌，也有起源于眼肌或腺体的。所以，电板膜也像神经元和肌纤维膜一样，对各种离子有不同的通透性，因而造成电板膜电位。在神经脉冲的作用下，膜的通透性会发生变化，即有离子流或电流通过电板。单个电板产生的电压不大，例如电鳗的每块电板的电压只有150毫伏，但由于电板很多，故能产生强烈的放电。据计算，每克重量的平均输出功率，电鳗为1瓦，轻便的汞电池是0.003瓦，而汽车铅蓄电池只有0.001瓦。在一次放电中，电鳐的电压为60伏，电流达50安，3000瓦的功率，足以击毙任何大鱼。

值得注意的是，伏打就是以电鳐和电鳗电器官为模型，设计出最早的伏打电池的。在电器官中，单个电板产生的电压很低，但它们形成一叠串，

197

就能发出高电压。与电板相仿，伏打用纸板把锌板和铜板隔开，浸在盐溶液中的"电板"也能产生电压；把它们制成电池，便能产生较高的电压。由于这种电池是根据电鱼的天然电器官设计出来的，所以伏打把它叫作"人造电器官"。伏打电池是世界上第一个直流电源(图190)。

毫无疑问，今后我们还可以从研究电鱼中得到不少新的知识。例如，如果我们能成功地模拟电器官在海水中发出电来，那么，船舶和潜水艇的动力问题就会得到很好的解决。

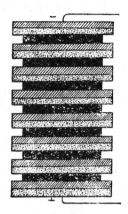

图190 伏打电池

生 物 电 池

细菌在分解有机物质时放出热，这是它从物质中的氢取得电子并传递给氧，即氧化的结果。物质的氧化实际上是无火焰的"燃烧"。嫌气细菌不需要氧，用硫酸盐和其他化合物同样能完成这种工作。那么，能使这类电子传递过程不产生热而产生电吗？

我们来做一个实验。把酵母菌和葡萄糖的混合液放在具有半透膜壁的容器里，将这个容器浸沉在另一个较大的容器中，后者盛有纯葡萄糖溶液，其中溶解有氧气。在两个容器中都插入铂电极，连接两电极便得到电

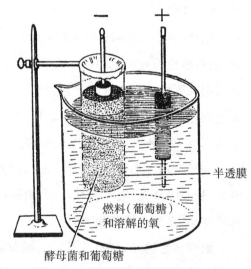

半透膜

燃料(葡萄糖)和溶解的氧

酵母菌和葡萄糖

图191 酵母菌氧化葡萄糖产生电流

流(图191)。这说明微生物分解有机化合物时伴随着电能的释放。这个过程受温度、有机物质浓度和活细菌数量的影响。

这类电池叫生物化学燃料电池,又叫生物电池。它们比电化学电池有许多优点:生物电池工作时不放热,不损坏电极,不但可节约大量金属,寿命也比电化学电池长得多。此外,它们还具有维护简单、工作可靠等优点。因为生物电池可以用任何物质——玉米棒芯、核桃壳、锯末、树叶、污水、垃圾等作"燃料",所以受到许多人的注意。

目前,生物电池作为电源,已试用于信号灯、航标和无线电设备,其中许多虽然经过长期使用,却仍像刚开始那样有效。用细菌、海水、有机物质供电的无线电发报机的工作距离已达到几十里地,生物电池作动力的模型船也已在海里游弋。

载人航天飞船的一个大问题,就是食物、水、空气和燃料的重量和它们所占的空间问题。例如,4个人进行一次往返金星的宇宙旅行,路上8个月需要的食物、水、空气的重量将等于或超过航天飞船本身的重量。怎么办?设计师只有向自然界寻求答案。飞船上的生活系统叫"密闭循环"或"密闭生态"系统。在这里,除了太阳光外,东西不会增加也不会减少,空气、水和其他物质必须一次又一次地利用。由于生物电池可以利用生态循环中的产物,人们自然就想到请它来帮忙了。

这个自给自足的"密闭生态"系统,可以形象地叫作"宇宙的绿洲"。它包括生物电池、氧、水、藻类和尿素。氧和尿素供给生物电池作"燃料",生物电池则供给飞船用于通信和控制的电能。生物电池同时也提供新鲜的水作饮用,和作为空气成分供呼吸用的氮气。在光合作用转换器中,通过太阳光对藻类的作用,二氧化碳和一些水形成有营养的碳水化合物,并放出氧气。航天飞行员呼出的二氧化碳和身体排出的废物供给光合作用转换器,而尿液则给了生物电池。结果,只是把太阳光能变成飞船用的电能和人体消耗的各种能量。图192就是这样一种"密闭生态"系统的设计方案。

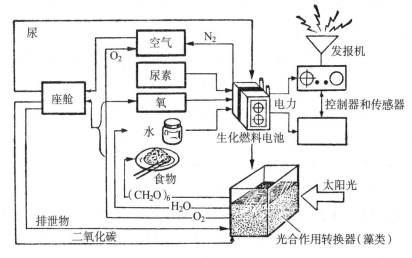

图 192　用太阳光使"密闭生态"系统自给自足

　　向宇宙进军的同时，一场征服海洋的战斗也正在激烈地进行着。一望无际的海洋是一个巨大的天然生物电池：在海底层，细菌分解硫酸盐和海底沉积物中的动植物残骸时，形成了多余的氢离子(H^+)，而在海洋表层，藻类的光合作用则产生过多的氢氧离子(OH^-)，于是电位差形成了。可以预料，人们将会在海上建立起人型的天然生物电站（图193），以从海洋中取得大量电能。

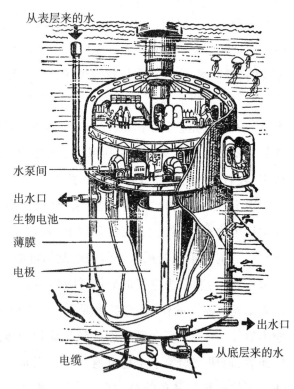

图 193　未来的天然生物电站

人体热电视机

汽车无油不行,车床没电不动,生物要有能量才能进行生命活动。

在生物体内,细胞的生长和繁殖,物质的移动,细胞结构的自我更新等,都需要能量。没有能量,任何一个器官都不可能进行工作。不仅肌肉和心脏如此,神经系统和排泄器官也是这样。人和高等动物还要用热量来维持一定的体温。成年人一昼夜消耗在这上面的能量,可以把等于其体重那么多的水从 $0℃$ 加热到 $50℃$。

这些能量可以加以利用吗?

现在,已研制出一种温差电池,可以把人的体热转变成电能。这种电池小至可放在衣服口袋里,能为袖珍晶体管收音机供电(图 194)。此外,还研制成功用人体热供电的小型彩色电视机(图 195)、收发报机和助听器。在彩色电视机中,应用了硅固体线路,屏由图像的三个基本色——红、绿和蓝色构成。收发报机的体积很小,只有一颗花生那样大。它的输出功率为

图 194　人体热电池用于晶体管收音

图 195　人体热电视机

5微瓦,工作频率为21兆赫兹,作用距离可达16千米。这些小型电子装置都不需要附加电源,能量完全由使用者自身供给,因此携带十分方便。

有人研究了生物电的发生,特别是大白鼠的生物电的产生。将两个很小的电极引入鼠体:一个植入腹腔,另一个埋在前腿皮下,这样引出的电能可供一台小型发报机进行工作。人体能产生比大白鼠更多的电能,有可能用来给小型的发报机或接收机供电。进一步的研究指出,不仅能从动物电位不同的部位引出电能,而且还可以从具有电位差的两种液体,例如血液和肠液中引导出电来。

动物的心脏有较大的机械能输出,若将压电晶体缝在动物的右心室前面,得到的电能已足够供应心搏器。动物的肌肉产生的机械能更大,有人把一压电系统植入狗肌肉里,它能使小型遥测发报机正常工作(图196)。

图196　遥测发报机

第八章　神经和计算机

神经元和神经系统

在球场上，一个足球向大门射来，守门员迅速而准确地向球扑去。在这个过程中，感受和传递信息，做出决策，向手、腿和全身下达扑球命令的便是神经系统。

人和高等动物的神经系统，包括神经、神经节、脊髓、脑干、小脑和大脑。它是由大量的神经细胞（神经元）和神经胶质细胞组成的。一个神经元和整个神经系统的比值（$1:10^{10}$），是一个晶体管和通用电子计算机比值（$1:10^4$）的100万倍。正如不了解计算机元件就不可能了解计算机的工作一样，不研究神经元的性质就不能揭示脑的奥秘。

神经元的形态千变万化，功能上也有明显的差别。和任何别的细胞一样，神经元上面也覆盖着薄膜，它把神经元和周围环境分开。神经元大致分成三部分：细胞体，内含细胞核和细胞质；树突——树枝状的突出，是神经元的输入端；轴突或神经纤维，它是纤细较长的圆柱形突出，末端形成分枝，与其他神经元连接的地方，叫作突触。轴突是神经元独一无二的输出端。有时，轴突还向四周发出侧枝。在末梢前的神经纤维上覆盖着髓鞘膜。这种膜使沿轴突传播的生物电流的电绝缘更好，并使其传播速度提

203

高。在有髓神经中,髓鞘每经过 1~3 毫米被所谓郎飞结隔断。后者能引起神经冲动的"跳跃式"传导,从而提高传导速度(图197)。

人的各种神经纤维直径为 1~20 微米,长度从几分之一毫米到 1 米左右。许多神经纤维联合成束,就是我们通常所说的"神经",它是我们身体里面的"电报线"。神经脉冲的传导速度一般不超过 120 米/秒,速度虽不高,但脑子发往手的命令,还是"一眨眼"就能到达的。

神经元是活的细胞,因此它不是静止的,而是处于不断活动中。这表现在它能使某些化学物质在细胞内外有一定的浓度差,造成细胞膜的电极化状态,即细胞内外有一定的电位差(休止状态时为 70 毫伏)。当刺激超过神经元的阈值(引起神经兴奋的最低刺激量)时,被刺激部位兴奋,产生相反的电极化,在它和未兴奋的边缘上存在电位差,

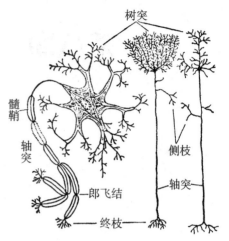

图 197　神经元和它的构造

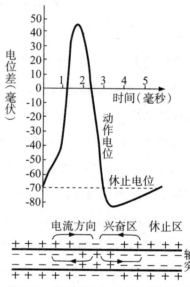

图 198　动作电位(上)及其传播(下)

便产生了电流。这电流又兴奋邻近的区域,这样,刺激引起的兴奋便以电信号的形式沿神经纤维传播开来,这就是通常所说的"动作电位"(图198)。

神经纤维原则上可在两个方向上传导兴奋,但突触只能把兴奋从轴突传给下个神经元的树突或细胞体。每个神经细胞联系的突触成百上千。脉冲传到轴突末梢,突触释放出化学物质——所谓递质(例如乙酰胆碱)。

这种物质作用于下个神经元细胞膜上，从而引起这个细胞的兴奋。因此，神经脉冲就像接力赛那样，从一个神经元传达到另一个神经元。脉冲在突触区域有一定的时间耽搁，叫作突触延迟。

到达神经元的脉冲，可以对它显示兴奋作用，也可显示抑制作用，这要看前一个神经元突触释放的是什么化学物质。但一个神经元只可能有一种突触，不可兼而有之。因此，神经元可分为兴奋神经元和抑制神经元两种。

神经脉冲沿轴突传导服从"全或无"定律，即神经纤维在任何时刻只能处于两种状态之一：有脉冲，而且是最大可能幅度的脉冲，或无脉冲。用数学语言来说，有则为1，无则为0。所以，脉冲的大小和传播速度，与刺激强度无关，只决定于这个轴突的性质。刺激强度只反映在脉冲的频率和数量上。

但是，在细胞电位还未达到兴奋水平时，电位在到达信号的作用下发生的变化，不遵守"全或无"定律。在这种情况下，它既与一个脉冲的作用强度有关，也取决于输入脉冲的重复频率。这个特性就保证到达脉冲的广泛相互作用：同时从若干个突触来的作用发生空间总和；如果输入信号先后到达，则从某个最低频率开始，后来的脉冲的作用叠加在先到的脉冲的作用上面——兴奋的时间总和。这样，几个阈下刺激的总和，就可能引起神经元兴奋。

神经纤维不能同时传播两个脉冲，因为一个脉冲过后需要一个短暂的休息期（绝对不应期），而后兴奋性渐渐恢复（相对不应期）。一个脉冲过后，大约经过1/100秒才能再兴奋。此外，神经元具有噪声滤波性质，以把神经系统中的噪声干扰去掉。它的进一步研究将为通信系统和雷达设计提供新的启示。

上述这些只是神经元的最一般的性质，肯定还有许多现在尚未认识的性质，

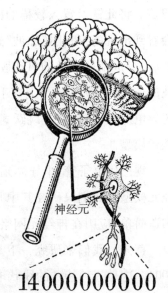

神经元

14000000000

图199　人脑由140亿神经元组成

有待我们去发现。人们对神经元的研究予以极大注意,是完全有理由的:人脑不是什么神秘的东西,而是由140亿神经元(和数量更多的胶质细胞)交织成的十分复杂的神经元网络(图199)。因此,现在人们对神经元和由一定数量的神经元组成的简单系统——神经元网络,进行着大量的研究和模拟工作。

人造神经元和神经网络

研制神经元的技术模型,为的是制造具有真实神经元性质的功能元件。因此,一方面,必须尽量全面地反映神经元的信息性质,另一方面,模型要做得十分简单,以便在制造人工神经元网络时加以应用。所以,技术模型没有必要模仿神经元的所有已知性质,例如新陈代谢,或神经脉冲过后的恢复过程等。重要的是要反映出神经元传递信息的那些特性。

我们取一段平直的精制铁丝,把它浸入浓硝酸中,铁丝被一层氧化膜覆盖。将此铁丝置入较稀的硝酸中,若在某处把这层氧化膜划破,我们就会看到出现的"氧化还原波"迅速向两个方向上传播开来,直至铁丝尽头。然后,形成新的完整的氧化膜。当"不应期"过后,刺激又可重新引起这种波的传播。假使在铁丝上穿上磁珠子,氧化还原波的传导就和有髓神经元传导电脉冲一样,将是跳跃式传播。这就是最早的人造神经元——神经元铁丝模型。

现已用电子管、半导体元件、铁氧体、多孔磁芯等研制出上百种人造神经元模型。我们只研究其中几种,它们从信息角度来看是最有益的,而且构造简单,应用在神经元网络中最有前途。

首先,我们来研究一下具有连续分布参量的人造神经纤维线路(图200)。这是一种特殊的线状电容器,它的下极板是普通导体,上极板是热敏电阻薄膜,电阻随温度变化而改变。电流通过这个电容器。如果把某点的温度提高,则此处的热敏材料电阻值下降,引起电容器局部充电。在它的参量配得适当的情况下,又使薄膜进一步加热。于是热量从这个加热点传给邻近点,上述过程又重新发

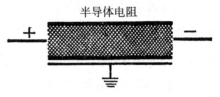

图 200　具有分布参量的人造神经纤维

生。这样,热波就从起始点无衰减地传播开来。像在神经元轴突中发生的那样,在热波的前沿后面留下个不应期带——恢复原始状态的区域。

这种特殊类型的"金属线"可以重复使用。它传导电脉冲的速度可达 25 千米/秒,比神经纤维传导脉冲的速度快得多。

也有不连续的人造神经纤维模型,如图 201(上)所示,其中应用的是冷阴极闸流管。在开始时刻,电容 C_1、C_2、C_3 充电,选择的电阻要使闸流管不致点火。如果把脉冲加于一个闸流管的点火极,闸流管则在电容放电期间点燃,其阴极电阻脉冲又点燃相邻的闸流管。电容放电后闸流管熄灭,在电容充电期间闸流管对外来脉冲不反应(不应期)。这样,加于线路的脉冲从施加点朝两个方向传播,并在自己的后面留下不反应的区域。这个线路简化表示于图 201(下)。

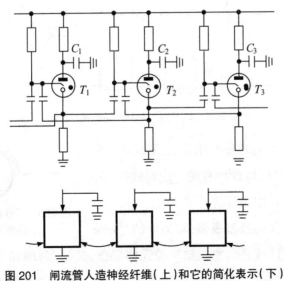

图 201　闸流管人造神经纤维(上)和它的简化表示(下)

这种人造神经纤维可以两种不同的方式连接起来。T-连接（图 202 下）借助脉冲实现互相间的联系，S-连接（图 202 上）则是通过共同的放电电容。利用这两种类型的连接，可以设计计算线路。若用 T-连接的任何两端作输入端，第三端作输出端，就得到"或"线路：两端中只要一端有输入信号，在输出端便出现信号。图 203 表示脉冲存储线路。若有 S-连接区，环里有不反应区域。因此，传给环的脉冲只能沿顺时针方向"奔跑"。有脉冲循环相当于 1，无脉冲则相当于 0。

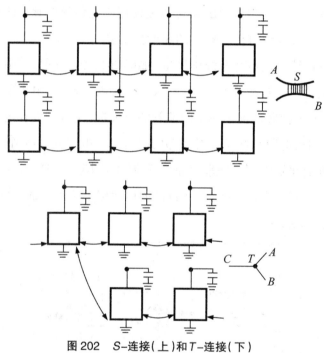

图 202 S-连接（上）和 T-连接（下）

如果能把人造神经纤维做成微小型薄膜装置的形式，就可以设计有趣的逻辑线路，其性质可接近生物组织。

图 203   用分布参量人造神经纤维存储信号

人造神经元的模型很多，最简单的是由 4 个晶体管组成的线路。它模拟神经元的兴奋、抑制、时间和空间总和以及绝对和相对不应期、"全或无"定律等性质。这个模型产生的脉冲宽度为 4

毫秒,相当于神经生理学所测得的数据。

图 204 是经过改进的神经元模型,叫作"拟神经元"。它具有一系列接近真实神经元的特性。第一,拟神经元的输出信号的频率,决定于输入兴奋的强度。第二,不把神经元的工作限制在一定时刻。第三,能对输入信号进行时间和空间总和。此外,拟神经元具有绝对不应期和相对不应期。

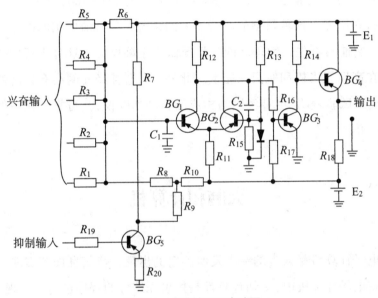

图 204　人造神经元电路图

从技术的角度看,这个模型相当简单,但工作稳定而可靠。模型线路的基本部件,是两个晶体管 BG_1 和 BG_2。构成的单稳多谐振荡器。多谐振荡器反映神经元的阈值性质和振荡器性质。输入信号通过 5 个兴奋输入端进入多谐振荡器,输入端电阻 $R_1 \sim R_5$ 与电容 C_1 一起形成积分电路。借助这些电路,对进入模型的信号进行时间和空间总和。还有一个输入端,是抑制输入端。从其他神经元到达这个神经元的兴奋和抑制信号,有相同的极性。但是,抑制信号对神经元的作用,应与兴奋信号相反。所以,抑制信号要通过反相器(晶体管 BG_5)加于多谐振荡器输入端。结果,抑制信号由兴奋信号减去。模型的兴奋阈决定于晶体管 BG_1 的基极和发射极之间的电压。输入一旦超过阈值,多谐振荡器便产生脉冲。脉冲进入由晶体管 BG_3 构成的放大器,而后输给射极输出器(晶体管 BG_4)。射极输出器可以提高神经元模型的负载能力。

人们研制人造神经元,是要把它们作为电子"元件"连接成神经网络,以完成某种功能。例如,人们在研制一种飞行器控制系统,人造神经元网络就是它的组成部分。已建成 250 个人造神经元的大型神经网络,正在进行试验和研究。这种新型的飞行器控制系统,与目前使用的电子计算机不同,它能对事先未编程序的新情况做出正确反应。这种飞行控制系统将用在高性能飞机和航天飞船上。此外,人造神经元网络有较高的可靠性。模型试验表明,由神经网络构成的自动驾驶仪,其可靠性比一般驾驶仪高一倍。

大脑和计算机

电子计算机是人类的一大发明。它的出现,使信息加工实现了自动化。在电子计算机中,一切计算都是按事先编好的程序进行的。现在,用同一台电子计算机可以完成科学技术计算、经济情报处理、控制生产过程、解逻辑问题、模拟、把一种语言翻译成另一种语言等工作。要过渡到解决新问题,只要把相应的程序输入机器就行了,并不需要同时改变机器本身的构造。

电子计算机的计算速度很快,现已达到每秒钟上亿次运算。这样,就可以用来解极困难的问题(例如,编制高精确度的数学函数表),也能利用它去控制快速进行着的过程(例如,火箭和人造卫星的运动)。

研制自动适应技术系统,现在是技术上的当务之急。在广泛运用自动调节和自动控制时,往往碰到一些特性不完全确定,或变化方式事先不知道的对象。当电子计算机碰到未料到的变化时，由于机器里的算法是固定的，不能"随机应变"，因而常常使控制过程终止，或发生意外事故。情况是在不断变化着的，制造计算机时不可能把全部工作算法都存入其中。因此，这种机器应能根据某些变化了的条件，独立调整自己的工作以适应当时的情况。

具备自适应性质的，只可能是那些结构元件或其间联系有一定多余的系统。生物系统的多余，首先可以部分代偿被破坏的功能，因而提高了工作的可靠性。人脑大约有 140 亿神经元。在人的一生中，每小时有 1000 个神经元发生障碍，一年之内就有 876 万个神经元功能失调，如果活 100 岁，就约有 10 亿神经元不能工作——但这样庞大的数字仅占人脑神经元总数的 1/10 不到，所以人仍能正常思维。神经系统保证其可靠性的连接原理，受到电子仪器设计者们的欢迎。他们仿照生物的这一原理，研制出一种可靠性高的电子线路。在这种线路中，为保证与普通线路同样的可靠性，只要求原来 1/200 的元件，而且每个元件的可靠性可低至原来的 1/10。据说，这个试验线路有一半元件发生故障时仍能正常工作。

可是，通常的电子计算机就没有这样的"后备力量"，它的元件一个顶一个用。所以，如果它的一个电子管或晶体管发生故障，机器便可能完全停止工作。因此，在用电子计算机驾驶的电气机车驾驶室里，总要有人"以防万一"。在布鲁塞尔世界博览会上，饭店里的座位分配就是委托电子计算机办理的。一次，由于机器发生了故障，竟使 5 万客人找不到位置吃饭。无怪乎许多人把可靠性称作第一号技术问题。在解决这一问题中，人们可以向生物界取经，因为生物已成功地由像神经元那样不大可靠的元件，形成了像脑那样高度可靠的装置。

在记忆方面，电子计算机的能力与生物比起来是非常有限的。充当电子计算机存储元件的铁氧体膜和铁氧体磁芯、磁带或磁鼓、电子管或半导体元件存储器利用的是双值逻辑，只能取 1 或 0 两种稳态。若能创造出具有神经系统记忆类型那样的多水平存储元件，就能大大减少需要的存储单

211

元数。

人的记忆容量也是非常大的，可达 10^{15} 比特信息，比数字计算机的最大容量（$10^7 \sim 10^8$ 比特）大上千万倍。比特是信息量的单位。"这是数字 1 吗？"对这个问题有两种可能性相同的回答："是"或"否"，这时得到的信息量是 1 比特。信息量和选择可能性之间的关系是：

信息量（比特）　1，2，3，4，5，6，7……n

选择的可能性数　2，4，8，16，32，64，128……2^n

有人估计，前几年全世界图书馆共藏书刊 7.7 亿册，若每册的平均信息量按 6×10^6 比特计算，则全世界图书积累的信息量为 4.6×10^{15} 比特——与一个人头脑中能记忆的信息量相当！人脑的信息密度也是非常高的，约 10^{12} 比特/立方厘米；而用超导材料做的存储装置的信息密度为 10^4 比特/立方厘米。如果考虑到生殖细胞中遗传信息的存储密度高达 10^{23} 比特/立方厘米，那么，技术系统简直不能与生物系统相比！

生物记忆还有一个优点。现在一般认为，生物的记忆器是神经元的直接组成部分。而电子计算机的存储器则位于直接利用它的区域之外——机器的内存储器和外存储器把信息与运算器交换，在运算器里进行数据的变换运算。随着存储器容量的增大，这就越发变得十分困难。例如，在存储器容量为 100 万二进制单位时，若在它的任一位置只存储 1 个二进制单位信息，为存储这个信息的存储位置就需要 19 个二进制单位。现代的电子计算机，进行数学运算平均需要 30 个二进制单位的指令，其中 15 个单位用于与读取中间信息存储位置有关的纯内部需要。因此，电子计算机的复杂化，在一定程度上降低了它的效能。

现在，已根据与生物的比较，为电子计算机制订了联合存储原理，使信息的读取依赖于它的内容，而不是靠发送被写入数的地址码。这类似人猜纵横字谜的过程，这时是根据问题的意思和某些已知的字母，通过联想而得到答案的。

飞机、人造卫星、潜水艇的设计人员常碰到这样的情况，即所载仪器重量每增加 1 千克，就必须多载几十甚至几百千克燃料。因此，要缩小元件尺寸，减轻仪器重量，提高可靠性，就需要向微小型化方向发展。在这方面，脑也颇吸引工程技术人员的注意。人脑含有 100~150 亿个神经元，和**数量更大的神经胶质细胞，而平均重量只有 1.2 千克，体积仅 1.5 立方分米，需要的功率也只有 2.5 瓦。**人脑神经元的数量是现代电子计算机的逻辑元件（约 10000 个）的百万倍。如果我们把计算机元件做得像神经元那样大小，那么，我们就得到了只有 1.2 毫克重的"人造脑"。即使最有前途的微小型化方法——固体线路，安装密度最高也不过 10^4 个元件/立方厘米，而在 1 立方厘米的人脑中却有 10^7 个神经元。显然，人脑是未来更有效的小型化方法的现实样板（图 205）。

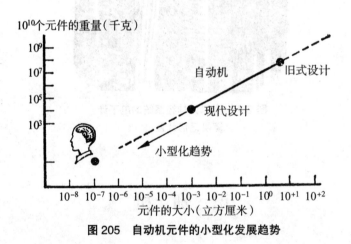

图 205　自动机元件的小型化发展趋势

　　毫无疑问，随着电子计算机的发展，它们的"脑"会越来越接近我们人**的神经系统。**例如，控制我们身体各部分的神经纤维，是从脊髓中央干发**出来的。**脑接受信号，加工随之而来的信息，并记忆它们。电子计算机也**完成类似的工作，**但这是较狭窄的专门的工作。图 206 就是根据这个类比**建造的计算机记忆装置。**

　　这里，要特别强调指出的是，计算机永远不会完全具备人脑的功能。**无论计算机的功能如何高强，**它都是由人所设计和制造，并被人作为工具使用的。

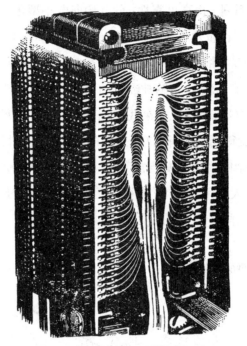

图 206　类似人神经系统的电子计
算机记忆装置

识 别 机

　　社会生产的发展和科学技术的进步,使人们把越来越多的工作交给机
器去做了。例如,认识图像、分辨声音、嗅别气味等,原来都是人的"本职"
工作,而现在正逐渐把它们交给识别机去干了。

　　识别机是能进行模式(图像、声音、气味等)识别的机器。它们模仿生
物感官和脑的部分功能,是一类特殊的电子计算机。但它们不是按事先编
排好的程序工作,而是通过训练"学会"工作的。这种所谓"学习"(不要误
认为机器能像人那样学习),就是充当"教员"的人,通过开关使机器内部某

些联系加强，或自动改变内部组织以使机器出现正确的反应，避免错误的回答。经过这种短时间的"学习"后，机器就能完成一定的识别功能了。

例如，有一种识别机——苹果分选机就能根据苹果的颜色、大小和软硬，把它们分成好的和次等两类（图207）。传送带把苹果送来，机器的"眼睛"——光学扫描器观察苹果的颜色和大小；另一个装置像手似地检查苹果的软硬程度。它们把这些信息转变成电信号，馈送给机器的"脑"去做决定。机器把新进来的信息与先前"学习"贮存的信息比较，以决定此苹果的类别，同时启动开关，把这个苹果放入适当的分装盒里。

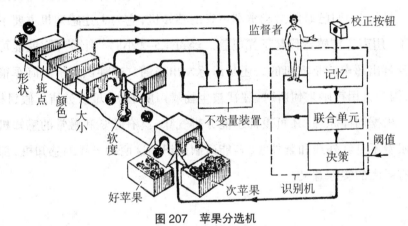

图207　苹果分选机

天气预报也开始使用识别机。在高空旋转着的气象卫星，每天发回地面几千张云层的电视图片，每张照片都由成千上万个亮暗点子交织而成。人固然能对这些图片进行分析研究，从而为天气预报提供资料，但确实太费眼神了。干这一行当，云图识别机则可以大显身手。它有100个透镜（眼睛），排列成10×10方阵，每个透镜连着一个荧光屏。这些"眼睛"同瞧一张云图，但每只眼只注意图上的一种特征，并在不同的屏上显示出来。这样，云图识别机只要用它那百目眼向云图"一瞥"，就能在屏上显示出100种不同的图像特征。根据这些特征，识别机就能确定该云图对天气预报的价值。

识别机的应用范围十分广泛。已经试验用识别机分辨真假导弹头、自动分析原子弹爆炸图案和航空摄影照片、判别含石油的地层、寻找电子设备的故障以及根据脑电图和心电图诊断疾病等。配合显微镜识别癌细胞的自动机也正在研制中。可靠的图像识别机则可装在人造卫星上，以侦察火箭发射场、军队调动等目标。

最简单的文字识别机是感知机。它的"眼睛"由400个小型光电管构成，排成20×20阵列；其记忆部分有512个联合单元。这种机器能正确辨认英文字母表中的所有字母。如果感知机的一些联合元件损坏了，仍能照常工作。在工作的可靠性方面，感知机也与人脑有一点相似性。

目前，人们已研制出能辨别声音的感知机，它与上述感知机主要不同在于，用声音传感器代替了光电管。经过1.5~2小时"训练"，它就能可靠地分辨出超声波是潜艇的，还是海豚发出来的。这种识别机对海军很有用，因为人用声呐来侦听时，往往被生物噪声所干扰，难以分清真假目标。

根据同样原理，还可设计出能分辨气味、具有味觉和触觉的感知机。人眼看不见红外线和紫外线，若能研制成识别这两种光线的感知机，那将具有巨大的实际意义。

第九章　人和机器

"机 器 人"

随着生产和科学技术的发展,在一些场合人们常常需要在对人体有危险的条件下工作。这些危险条件是高真空、放射性、高压和高温等。存在这些不利因素的空间区域叫反常(危险)区,例如宇宙空间、深海、燃烧室、放射性室、化学上活性的环境等。

于是,人们开始了新的尝试——创造一种能模拟人部分功能的机器,这样一类自动机也就应运而生了。起初由于试图模拟人的功能和外表,并且的确又能完成人的部分功能,自然就用了科学幻想故事中的称呼,把它们叫作"机器人"(图208)。但随着"机器人"设计的完善化,和它所执行动作的复杂化,"机器人"在外观上与人的差异愈来愈大,可以说绝大多数根本不像人,如有的像螃蟹,有的似恐龙,然而其操作功能却更接近人了,因此仍然沿用

图208　典型的"机器人"

"机器人"这个名字。

　　最初的机器人是机械手或操作器，它是模拟人手功能的技术装置，通常用在放射性区域。工作人员坐在防辐射的安全室里，用手通过机械装置直接操纵机械手来使用放射性物质（图209）。我国制造的通用自动机械手，则能自动完成搬运工件、喷涂和锻压等工作。它的手臂能上下、左右转动和伸缩，腕关节能弯曲和转动，因此能使手指部分自由定向。1967年，一台遥控操作器登上了月球，它在地球上人的控制下，可以在2.23平方米范围内，挖掘月球表面46厘米深处的土壤样品，并能对样品进行初步分析，以确定土壤的硬度、重量等。

图209　机械手在工作

　　带有人造"眼"——传真电视机的操作器和计算机联用，并由人进行控制的人—机系统是大有前途的，例如可用来研究月球和最近的行星表面。操作器的手指触觉信号和传真电视机（感受器）的视觉信号传给遥控计算机——它完成类似人脑的初步工作，并把加工后的信息发回地面。在地面控制室里，操作员可直接在显示屏上看见操作器的工作情况，完成图像识别，并做出决定，通过控制器和地面计算机控制操作器的下一步行动（图210）。显然，即便操作器离人很远，它也能高度精确地完成复杂的操作。

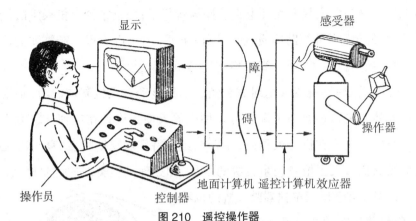

显示　　　　　　　　　　　　　感受器

障碍

操作器

操作员　　　控制器　　地面计算机 遥控计算机效应器

图 210　遥控操作器

遥控操作器种类繁多,不少已在各种危险区域得到很好的应用,特别是在人类征服海洋的战斗中,用它来完成本来需要人去做的那些工作。海底有丰富的矿藏,钻探和开采都要有操作器的帮助。在水下几百米至几千米的地方钻孔,安放炸药,甚至建造海底火箭武器基地;打捞沉没海中的船只、人造卫星、宇宙火箭和打靶鱼雷,就更需要用遥控操作器进行深海作业了(图 211)。

至于"机器人"则早已从科学幻想变成了现实,目前世界上有成千上万部"机器人"在各行各业大显神通。在火灾还不明显时,"机器救火员"便得到了火警,第一个奔赴现场,用它"携带"的两个灭火器将火及时扑灭。如果你要把重物搬上楼而又无电梯,那 40 条腿的"机器搬运工"是可以来帮忙的。在铸造车间,机器人能"认真"地把铸件放在传送带上,一口气干上 17 小时才"下班",如果生产紧张,它可以连续工作一天一夜。在汽车制造厂,机器人可以干更复杂的活:焊接、喷漆或装配。像坦克样的"机器

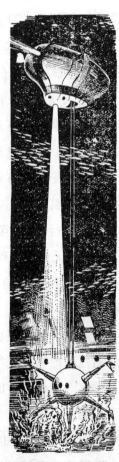

图 211　海底打捞

219

矿工"可下矿井,人只要在井上直接操纵就行了;而电子计算机操纵的能行走的铁"螃蟹"则可帮助地质队探矿。1966年,因飞机失事一颗氢弹失落海里,最后虽然找着了,但下海打捞的还是机器人。

在航空方面,机器人也崭露头角。如果核动力飞机制造成功,辐射损伤对人体来说可能是个危险。有一种机器人便是设计在这种核动力飞机上工作的。人坐在机器人里面,用铅头盔和特殊玻璃防护着,就可万无一失地操纵机器人去抢救失事飞机的乘员,和处理其他类似的危险事情。

将来或许会出现单独驾驶飞机的机器人,但目前研制的还只是帮助人进行飞机设计的机器人。这是因为在设计飞机时,设计者会碰到大量有关飞行员的人形数据,为了解决这个使人头痛的问题,人们便根据人体关节、肌肉,特别是臂和腿各部分的关联和相互作用,设计了一种人形的机器人。这种机器人有20多个活动关节和可变形的富有弹性的"皮肤",电子计算机充当其"脑"。它能对设计中的飞机驾驶舱进行评价:驾驶员是否容易够得着开关,有无视觉障碍等,从而确定什么样的座舱对所设计的飞机驾驶员最为合适(图212)。

图212 用来评价驾驶员座舱的机器人

在载人航天飞船上,机器人可代替航天飞行员做某些工作,特别是对人有危险的那些工作。例如,航天飞行员坐在座舱里,用操作器去完成他必须在飞船外进行的工作(图213)。另种设计是机动工作台形式,穿戴航天服的飞行员坐在工作台特殊的座位上,用操作器进行工作。机动工作台有四个操作器,其中一对用来将工作台和被修理物体连在一起,另一对进行安装和修理等工作。

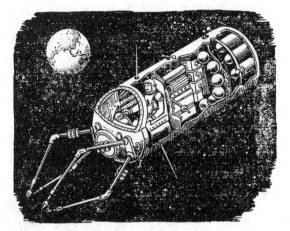

图 213　航天飞船用的操作器

如果无人驾驶航天飞船或星际站出了故障,派人去修固然好,但更好的办法是派遣无人驾驶的航天修理船(图 214)或修理卫星前往,人在遥远的地方控制其上的操作器进行工作。它们上面的"手"要能精确地模仿人手和手指的运动,才能完成象旋动螺丝和配接导管这样复杂而精细的工作。

但在考察遥远的行星时,从地球向宇宙机器人发送指令,并接收其执行情况的"报告"就显得困难重

图 214　无人驾驶航天修理船

重了,因为虽然无线电波传播速度高达每秒钟 30 万千米,但要克服宇宙空间的巨大距离,需要的时间仍是十分可观的。这样,就很难对远在另一个星球上活动的机器人进行及时有效的控制。于是,就要求人们能研制出一种带"电脑"——计算机的机器人。它要能通过自己的"感官"——各种传感器,接收周围的有关信息,由电子计算机对其进行加工,以决定机器人本

身的活动。这样的传感器不但要具有类似人和高等动物的感官功能，如看、听、触、嗅，最好还有"感觉"红外线、紫外线、超声波、磁场和放射线的能力。这样，机器人就能更好地在一个未知的行星上进行活动。

图215是这样装置的一种设计。一对摄影机装在车辆前轴上面，它们能上观、下察、前看和侧视；电眼左面的肩膀为手臂提供三个自由度：伸缩、上下和左右转动；手腕前面的手指里装有弹簧探针，以进行触觉测量。这样，视觉和触觉的配合，便能为车辆选择平坦的道路。车上的天线是对其实行遥控用的。如果能制造出

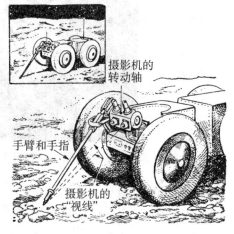

摄影机的转动轴

手臂和手指

摄影机的"视线"

图215　一种有视觉和触觉的机器人

小型的自指令计算机，安装在上面代替遥远飞船上的遥控计算机，这个机器人就会在其他星球表面自行活动，进行科学考察。

这样的机器人虽然还是未来的技术装置，但已开始显露身手。例如，发往月球的自动探险车辆"月球车"，不仅能接收地球上的指令，而且还能对这些指令进行评价。如果指令是错误的，执行了就会导致走向毁灭，它就"将在外有所不从"，拒绝执行。另外有种机器人，它有"耳"能听人的口头指令，有"嘴"能答复指令，还有能识别物体的"眼"和有触觉的"手"。这样人可以直接用语言向机器人下达命令，它再根据现场环境进行工作。类似的机器人，在核反应器的管理和放射性事故的救护方面是很需要的。因为这里出现的情况不是固定的，而是千变万化的，不能事先给机器人编好程序，它的行动与环境很有关系。

一般说来，机器人的形状是由其工作性质决定的，它要适应一定的工作环境。在此要强调指出的是，无论机器人的外表多么像人，功能多么完善，它与人却有着本质的区别。最完善的机器人也只不过是对人和动物部

分功能的简单的机械模仿,只不过是人创造的一种机器而已。

目前,机器人正在工业自动化、宇宙探索、海洋开发和军事技术中显露锋芒,代替人进行危险、费力和单调的操作。

听话的机器

眼明察秋毫,耳聪探微音。人的耳朵是异常灵敏的声音接收器。我们刚能听到的最微弱的声音,对耳膜造成的压强只有 2.9×10^{-4} 达因/立方厘米,接近空气分子不规则运动的"热噪声"的压强。这个压强有多大? 约是标准大气压的一百亿分之三!

人耳是仅次于眼睛的感觉器官。听觉系统的研究和模拟,目前已集中到语言的自动识别领域,这是研制语言翻译机、语音打字机、声控机和人—计算机"对话"以及改善通信系统的需要。

对于打字员来说,按照口授语言打字并不费什么劲儿。但要用辨识语言的机器代替打字员,却需要许多人付出艰巨的劳动。听觉的仿生学模型基本上还处于研制阶段,但作为例子,我们可以来看看一种语音打字机,它是按照人的语音来打字的机器(图 216)。

打字员的动作方式可以粗略地表示为:感受器(耳),神经,脑——脑,神经,效应器(打字员的手指)。声音传入人耳,沿耳道传播,并经鼓膜传给中耳的听小骨系统。在机器中,完成外耳和中耳功能的是微音器、声频放大器、声音压缩器、限制器和噪声遏抑器。它们除接受声音信号外,还要尽可能使结果与发音响度和微音器的距离无关。

声音由中耳的听小骨系统通过前庭窗传给内耳的耳蜗,它通过柯蒂氏器与进入脑的听神经连接。耳蜗内充满液体,里面有一由纤维组成的结构——基底膜,由于纤维的长度不一样,它们感受的声音频率也不同。因此,就功能来说,内耳是声音分析器。内耳的机器模型是由带通滤波器组成的

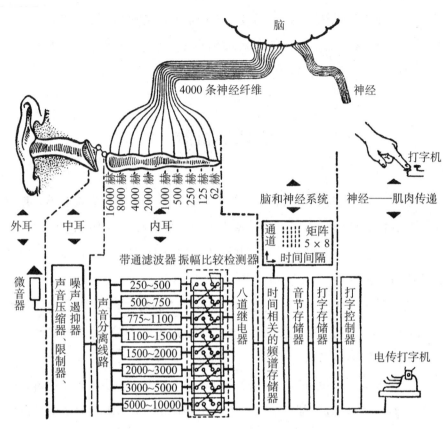

图 216　受令打字员和语音打字机系统

频率分析器和幅度鉴别器。模型中只用了 8 个带通滤波器,个数再多也会有困难,因为有 8 个通路时,即使同一个人发同一个音,也表现出发音上的差别。信号通过频率分析器进入整流器,经过整流确定每个通路中的信号水平。在振幅比较检测器中,相邻通路中的信号进行比较,对应某个通路的继电器,只有在这个通路的信号大于两相邻通路的平均信号时才接通。

　　人脑从耳获得信息后,经过加工并做出控制打字员手指运动的决定。在模型中,通过振幅比较检测器的信号,以 8 位数形式进入频谱存储器。在这里,每个字或音节的发音,在所有 8 个频率通路里分成 5 个顺序的时间间隔,并存储在 5×8 矩阵中。每个矩阵可看作是 40 位二进制数,因而不同的排列总数超过 10^{12}。在矩阵完全形成后,把信号输入音节存储器。

大多数字或音节都包含有若干个音素——语言的最小单位,因此语言是按构成音节的音素组,而不是按单个音素辨识的。通过大量试验可确定对应同一个字各种发音的数,这些数也构成一组,每一组与打字存储器里一定的继电器连接。继电器的动作,将使某个字的数字代码总线与这个字的总线接通,于是,电传打字机便把这个字打印出来。

上述机器已研制成功,它能顺利地根据语音打字,缺点是词汇容量相当有限。要增大词汇容量,单纯靠结构复杂化是不够的,必须引进新的设计原理。这些原理,应在语言感知的进一步研究中揭示出来。我们对人神经系统的语言感知过程了解得越多,研制工作就越会富有成效。

电子计算机的发展,要求从事人和机器之间信息交换的新的研究。现在,人控制电子计算机只能借助以确定方式编码的指令来实现,这很不方便,因为人和机器没有"共同的语言"。要寻找共同的语言,就要创造几十种"机器语言'。这种语言一定要人能理解,机器也能接受。从仿生学观点看,重要的是另一个研究方向:创造直接由人的语言控制的机器。如果计算机不需要把程序打成穿孔纸带,能直接按人的语言指令进行运算,并把计算结果用人的语言读出,人类的计算技术就发展到了更高的阶段。有的计算机已能"听懂"10个阿拉伯数字和一些运算指令,并据此进行计算。如果你说计算错了,它还会重新进行计算。

在失重条件下,航天飞行员的活动颇受限制,为了解决这个问题,人们在研制一种航天飞行员声控机。这种装置能"听懂"14个命令:指令,停止,前进,后退,向右,向左,旋转,保持,开动,俯仰,偏航,下降,上升,移动以及由它们构成的有意义的指令,如向上移动等。它能"听懂"3个人的不同口音,并且使用时不需要特别的语言训练。如果这种机器能投入使用,将会使航天飞行员腾出双手运送货物,进行修理、安装等操作。

轮椅是残废病人的代步工具。但若病人全身瘫痪,动弹不得,就不能驱动普通的轮椅了。为了帮助这种病人,人们设计了一种语音控制轮椅,它能按照人的口令行动:前进,左右转弯,停止和倒退——病人动嘴,轮椅跑路。同时，也在为残废人研制另一种语音控制系统，以按病人的命令开关电灯、收音机，或为病人翻开书报等。

语言的机器辨识是个非常重要的问题，因此，人们正在积极开展这方面的研究。它不仅能改善机器的输入装置，而且有助于研制有效的通信系统。例如，已研制出由 500 个电子神经元和 15 个滤波器构成的"电子耳"，模拟了人耳的频率特性。据称，这项研究的最终目的，是把 600 个电话通路压缩成一个通路，从而大大改进目前的通信系统。

生物电控制

电，是一种重要的能量形式，也是一种重要的通信手段。在生物界里也是这样。鸟飞，兽走，鱼游；耳闻，目睹，鼻嗅，无不有电参与其中。医生借以诊断疾病的心电图和脑电图，便是人心和脑活动的电的体表记录。有些鱼——电鱼则具有专门的电器官，能产生几百伏电压，足以击毙比自己大得多的动物。

我们的一举一动，一止一静，都是在脑发给肌肉的命令——电信号的控制下进行的。这些电位变化可以在肌肉表面用电子仪器记录下来，这就是我们通常说的"肌电"。既然它是一种电信号，就不仅能控制人体活肌肉的收缩和松弛，也应能操纵人造的机器工作。随着第一具生物电假手的研制成功，生物电控制便开始成为一个崭新的科技领域。

高速航空和攻击武器的发展，要求操纵人员反应迅速，但由于人体肌肉的惰性往往不容易做到这一点；航天飞船的主动飞行和重返大气层阶段，喷气式飞机的曲线飞行，都产生很大的超重，给操纵飞行器造成很大困难。由于这些实际需要，和研制更完善的假肢、机器人和机械手的努力，生物电控制这一科技领域便得到了较快的发展。

为了研制生物电控制系统，就要求阐明几个基本问题。例如，引起指定一个人同一动作的生物电信号总是一样的吗？引起不同人的同一动作的信号有什么共同点？生物电特性的研究表明，许多电信号能叠加在肌电电位上。此外，皮肤的电位与受试者的状态有很大关系。同时，一般记录出来的肌电，不仅包括从脑到肌肉的指令信号，而且包括从肌肉到脑的反馈信号。试验表明，控制肌电信号要比手的实际运动提前50~80毫秒。也查明，肌电信号很弱，肌肉收缩时为60~300微伏，松弛时为20~30微伏，不超过噪声水平。因此，未经加工的肌电信号是不能用于控制目的的。只有经过电子仪器的加工，才能明显提高信号的可靠性。

第一个应用生物电流的技术装置是假手。它不仅能做动作（这类装置早就有了，例如心电仪），而且能够完成一定的工作。图217显示的是这类系统的工作原理。手镯固定在手上，它包含有接受生物电脉冲的敏感元件。借助放大器和换能器，这种弱电脉冲转变为足够大的控制信号，它控制液压执行机构，后者控制手模型。如果脑发出"握手"的命令，假手即精确地完成这个指令。在20世纪六七十年代，我国已研制成功全电子化的生物电假肢，它能完成人臂和手的一些主要动作。

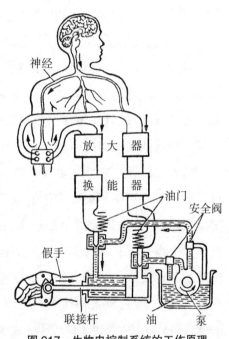

图217　生物电控制系统的工作原理

这一科研成果，使我国在假肢制造方面前进了一大步。目前，这类系统已远远超出假手和假肢制造的范围，它使自动化进入了发展的新阶段，从而开辟了生产过程自动化的新远景，因为现在许多生产过程需要直接用手来操纵。

生物电控制的研究，也为训练飞行员提供了一种较好的途径。实验表明，把一个人的肌电信号输送给另一个人的相应肌肉，能使第二个人精确地重复出第一个人的动作。这种方法不仅可以帮助瘫痪病人重新使用其神经业已损坏的肌肉，也可以帮助训练飞行员，或许比用语言说明和示范动作训练来得好。用磁带记录下来的这种肌电信号，可以反复训练新手，或用来开动机器。

高速飞机陡然改变飞行速度或飞行方向时，会产生很大的超重。由于飞行员的手和飞机操纵杆的惰性，往往造成对飞机控制的失误。有一种飞机肌电控制系统，可以帮助飞行员克服这个困难。飞行员手握飞机操纵杆，两个传感器记录其手臂肱二头肌和肱三头肌的肌电信号，用以实现俯仰（飞机纵轴位置在垂直面里的变化）控制；第三个传感器固定在飞行员脸上，记录其闭颌肌的肌电信号，用以改变发动机的工作状态。如若超重很大，飞行员一旦失去了知觉，这个肌电系统便过渡到自动控制。

人们还在研制生物电控制武器系统，以求射击动作高度可靠和灵活。面对着琳琅满目、日益增多的机舱仪表和控制器，这类系统对于有时还处于很大超重情况下的战斗机飞行员来说，显得尤为重要。

航天飞船在一定阶段会产生更大的超重，以致使宇航员感到浑身铅重，动弹不得，更不用说要去控制飞行器了。这时，就需要一种机械装置来增强人的臂力，帮助完成控制动作，图218显示的是有此用途的肌电伺服控制器。当宇航员欲动手操纵控制器，而又由于超重心有余而力不足时，贴敷在其臂皮肤表面的金属箔电极便拾取这些肌电信号，经过放大和计算机处理，把控制人臂肌肉活动的生物电信号，转变成操纵臂夹板电动机运转的电信号。于是，臂夹板在宇航员手臂肌电信号的指挥下动作，给他"助一臂之力"，使其得以顺利地完成控制飞行器的动作。

即便没有产生超重，笨重的宇宙服也容易使宇航员疲劳，从而造成飞行器控制失误。为了预防这种情况发生，人们正在试验另一种装

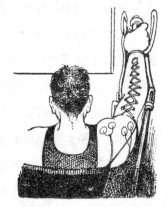

图218　生物电伺服控制器

置：将一种人形金属架用皮带捆在人身上，这种人形金属架在重要的关节处都装有电动机，后者受人体相应肌肉电信号的控制。人动，电动机工作；人止，电动机便停。这类宇宙服虽重却不笨，有了它，宇航员活动起来就便当多了。当然，这类装置对身着潜水服的潜水员也会大有益处。

如果宇航员的任务是建造空间站，或去修理人造卫星，那么，他就可以舒适、安全地坐在自己的航天飞船内，借助自己的肌电信号去操纵安装在飞船外面的机械手臂，使用工具来完成其安装或修理工作，而不必再通过按钮、旋钮和操纵杆了。

根据对人体运动肌肉系统和生物电控制的研究，人们研制了另一类人力增强器——步行机（图219）。它有两条长腿和强有力的手臂，其"头"部站着的那个人便是它的"脑"——操纵者。他的腿连到步行机腿的控制器上，用人腿运动的生物电信号指挥着机械腿的运动。他的手臂操纵着步行机的强大

图219　步行机在工作

手臂。显然，这种机器能越过复杂的地形，也能拿起比较重的物件。在车辆无能为力的那些地方，步行机则可以大显身手。它迈开那双3.6米长的钢腿铁脚，斜坡、沟坎、乱石、泥泞全不在话下，而且行进迅速，每小时可达56千米。用步行机装备部队，可以期望它抬担架、运输、作战、做营救工作，或在崎岖山区搬运空投物资等。在平时，则可以代替人负重，或在人迹罕至的原始森林中披荆斩棘、开辟道路以及砍伐树木、搬运木材等。但是，这个庞然大物也有它的难处，笨手笨脚的，一旦跌倒了，费九牛二虎之力也不容易爬起来。

为了研究人难以到达的地球表面,例如地下洞穴、高辐射带和高温带,人们应用步行原理又研制了一种步行探测机,由人进行遥控。铁杆支在两个三脚架——腿上,信息箱沿上面的特殊的导轨移动。信息箱里有各种传感器、信息加工系统、控制信号接收系统、定向系统和电源等,构成整个装置重量的十分之九。当信息箱移动到一腿的悬臂上时,另一条腿抬起,借助传动装置使之相对于不动的腿旋转一个角度;当信息箱往回移动时,抬起的腿放下。信息箱移到第二个悬臂,第一条腿抬起,同样向前"迈进"一步。铁杆相对于不动的腿旋转的角度可取 0°~180°,因此步行机的走法也可各不相同。这种装置能通过缝隙,迈上台阶,克服崎岖和障碍。在它"走路"的过程中,信息箱就收集所经表面的有关辐射场、温度、一些元素的浓度等信息,并把所得资料发回接收站。当然,这种步行探测机也可发射到其他星球表面进行宇宙考察。

如若在宇宙空间或其他星球表面进行考察,一种生物电控制系统——人形机则可以替人做些危险、费力的工作。人形机,顾名思义,是形状似人的机器,它有腿和手臂,装有模仿视觉、手指触觉和听觉的检测器,由人在地球上或空间站进行遥控。在这种情况下,人是通过自己四肢、手指和眼运动的肌电信号进行控制的。这些生物电信号被记录,放大,并经电子计算机处理,变成无线电遥控信号,发送给远在宇宙深处的人形机的相应部分,于是人形机就仿效操纵者——人的动作"亦步亦趋"进行活动。当然,它的活动情况要不断地报告给人,人则是机器下一步行动的决策者(图220)。

生物电控制系统的产生,为仿生学指出了特殊的研究方向,它被称为相反的模拟方法。其实质在于,它不是模拟生物的活器官,而是研制辅助的装置,以使生物器官直接用之于技术目的。在这方面,目前最完善的仪器是医学上的。例如,自动麻醉机能自动供给被手术者以麻醉药物,它的控制信号是生物电信号——专门滤波出来的脑电成分。同样,应用呼吸神经的电信号创造了人工呼吸器,而心搏同步器则是从心电中得到控制信号的。

图 220　人形机在月球上工作的设想图

人 工 视 觉

　　"百闻不如一见"，眼睛是人体最重要的感觉器官。人因疾病、外伤一旦丧失了视觉，就会给工作、学习和生活带来极大不便。

　　以前，盲人走路总是用手杖探来探去，借助触觉和听觉了解一些附近情况；现在，由于科学技术的发展，已有可能使盲人借助一些装置，通过其他感觉途径而不是眼睛来了解周围情况，这些装置叫作视觉弥补装置，或简称为助视器。它们通过皮肤感受机械或电刺激，或把光学信号变成声音，或直接电刺激大脑视觉皮层而使盲人间接取得"看"的部分效果。

　　有人用下述实验证明了皮肤感受信号的可能性：把记录在磁带上的语言，用原来 1/8 的速度放出来，并将所获得的低频信号转变成与皮肤表面相接触的薄板的机械振动。经过一段时间的训练，受试者在与振动器相接触的手指的帮助下，能够学会辨别几个基本声音。研究者们认为，这种信息传递方法，可用在外界噪声很大，利用听觉传递信息不够理想的那些情况下。

用皮肤分析器来部分代替丧失了的视觉和听觉,是大有前途的。有一种叫作"电眼"的器具,它能帮助盲人在空间定向。这种仪器由光学系统、放大器和放在人额头上的带有 120 个振动子的特殊薄板构成。通过物镜,光线把物体的像呈现在由 120 个光电二极管组成的平面阵列上。这个像被转变为电信号,它们被放大后以控制相应的振动子。这种仪器对盲人的帮助很大,使他们在走路时不再需要用棍子探来探去。

有的仪器是用超声波或特殊灯泡的闪光来获得关于障碍物的信息的,而盲人可以借助固定在手掌上的一组振动子来感觉它。砷化镓激光器的发展,使人们可以得到室温红外光源,所以激光也被用来为盲人制造辅助设备,激光手杖就是一例(图 221)。在手杖当中装有三个小的砷化镓激光器,它们发射出三束红外激光。一束射向前面 1.5 米或 3.6 米(由选择开关控制)远的地方,第二束向前上方 2 米高 1 米远处发射,第三束激光用来探测前方路面的降低。手杖柄附近装有三个红外硅光电二极管,每个接收三束激光中的一束反射光,并分别放大和滤波,加工后的电信号控制适当的音

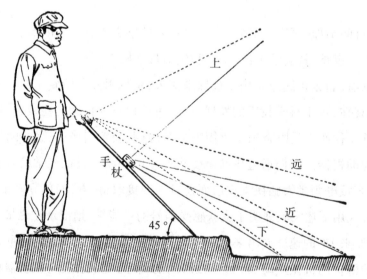

图 221　激光手杖

调发声器,以一定频率的声音告诉盲人。如果前面有障碍,一个发声器产

生 900 赫兹的声音;第二束激光的反射光产生 1600 赫兹的高音叫声,说明前上方有吊着的树枝或棚顶;第三束的反射光引起 300 赫兹的低音鸣叫声,指示前头有坑,要回避。激光手杖平均功率 600 毫瓦,用 6 伏的镍镉电池,一次充电可工作 2 小时。这种激光手杖已投入实用,但成本贵,手杖太长也不方便。

研制帮助盲人定向或阅读的仪器,已引起了许多人的注意。现在研制成功的皮肤"视觉"系统也是多种多样的。例如,有一种很简单的系统,它能帮助聋盲人了解客人的到来。客人按门铃时,在房间里创造出电磁场,它被聋盲人口袋里的接收器接受,使与聋盲人皮肤表面接触的振动子动作,从而使他好像"看见"了客人的光临。

在信息经过皮肤传递的实验中,有一个值得注意的例子:一位受试者借助许多胸部振动子,一分钟能识别 35 个单词,这个速度比有经验的电报译码员还快,但只有缓慢说话速度的 1/6。最近有一种"盲人阅读仪",速度比这快得多,它可以帮助盲人每分钟阅读普通印刷体单词 80 个(图 222)。盲人用右手将一个小照相机(仅重 85 克左右)在

图 222　盲人阅读仪

书页上缓慢移动,用手调节它的透镜,便能得到字的 2.5 倍的放大像。字像聚焦在半导体底板上——它包含有 144 个光电感受器(排列成 6×24 阵列),30 根导线把获得的信号输送给逻辑线路。在接受盒内有特殊形状的凹槽,其中竖有 144 个很小的金属杆。从逻辑线路来的指令,使单个金属杆以 250 赫兹的低频振动(这个频率是引起触觉刺激的最佳值)。左手的一个手指放在上述凹槽里,通过金属杆的振动便能得到一个小的触觉字像。经过训练的盲人,借助这种仪器可以每分钟 80 个字的速度"看"书。

人的背部皮肤的空间分辨能力比手指小,但其可用面积大,这也是盲

中国科普大奖图书典藏书系

人可用之于视觉—触觉感受的区域。有一种电视触觉装置,在椅子背上安装400个振动子,由摄影机获得图像信号,这些信号经过加工用来推动振动子。盲人坐在椅上,背靠椅背,用手操纵摄影机,就能够识别简单的图形和字母。这种装置经改进后已安装在轮椅里,在它的指引下,乘坐车椅的盲人可活动于不少场合。

由于现在用的振动子一般不太灵巧,效率不高,对刺激的快速变化反应也不好,限制了它们放在皮肤上的可能性,所以大家认为电刺激更有发展前途。应用电刺激会减轻仪器的重量,并使这种皮肤"视觉"系统具有实用价值。

图223就是一种应用电刺激的"电眼"。装在眼镜架上的照相机很轻,不到150克,它的接受部分是由256个光电晶体管组成的阵列。显示部分由256个电子刺激器组成,它位于盲人腹部,因为腹部是比背部好得多的感受表面。整个系统是由绑在使用者背心上的装置供电和操纵的。当盲人"看"东西时,用手调节照相机,使物体的像聚焦在256个光电晶体管构成的阵列平面上,产生的电信号通过与盲人腹部皮肤接触的电刺激器,使之产生感觉。这种装置对盲人大有益处。我们知道,对盲人来说,感到困难的是学习、工作和活动。上述仪器部分地解决了这些困难。例如,盲人用它可以间

图223 盲人用"电眼"

接了解图形和曲线,也可以帮助盲人工作:鉴定示波器图形和查看简单的量表。这是许多职业中都有的工作。戴上这种"电眼"的盲人已有相当的活动能力,例如,能在房间里走动,确定某个物体的位置,走近它,或从地上捡起一个东西。这种皮肤"视觉"系统的进一步完善,将发展成为一个轻便的包含1000个刺激器的系统,并使它们能舒适地固定在人的皮肤上。这样,盲人的学习、工作和活动就会方便得多了。

更大胆的办法是直接电刺激盲人大脑视觉皮层神经元。40多年前就有人发现,用弱电流刺激人的视觉皮层,受试者会"看见"面前有光点闪烁,这个现象叫作光幻觉。同时也发现,视野里出现的光点与电刺激脑视觉皮层的位点之间有一一对应关系。根据这种现象,有人设计了一种电极刺激装置,以期使盲人能借以"看见"简单的几何图形或字母。摄影机把被观察的图像转变成亮暗点象,并把这些点的电信号传给盲人头戴的"刺激盔"里的80个无线电发射机。在盲人头皮和颅骨之间,还"戴"着一顶硅橡胶薄板"帽子",上面植有80个小型接收机,它们通过颅骨的圆锯孔与插在视觉皮层上的80个铂微电

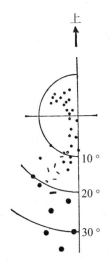

图224　盲人视野里光点位置和大小

极相连。发射机的无线电信号越过头皮,传给相应的接收机,后者控制与其相连的电极进行刺激。受试者是一位52岁的盲人。图224显示受试者"看见"的光点位置和近似大小。为了增加刺激电极,减少发射机和接收机数目,设计者又采用了新的电子线路。"刺激盔"内有29个发射机,盲人头皮下植29个接收机,由180个晶体管构成180个"与"门,每个门控制一个微电极(图225)。看来,这个系统有可能使盲人识别字母或周围物体。

　　用电子计算机控制电极刺激,得到的试验结果较好。在一个试验里,把64个铂盘电极(面积1平方毫米)排成8×8阵列,植在硬脑膜下,与右边大脑视觉皮层中央表面接触。根据提供给盲人的图像,计算机控制适当的一组电极进行刺激。这样,受试者竟正确识别出了正方形和字母L。有人把64个铂电极植入盲人视觉皮层,电极与头皮上的小插座相连。存储有盲文资料的电子计算机插入该插座,便控制相应的电极工作,使盲文的突点转变成盲人视野里的光点,结果使盲人"阅读"盲文的速度比手摸快5倍。所有这些结果都使人们增强了信心,在不远的将来,人们一定能为盲人研制出实用的"假眼"来。

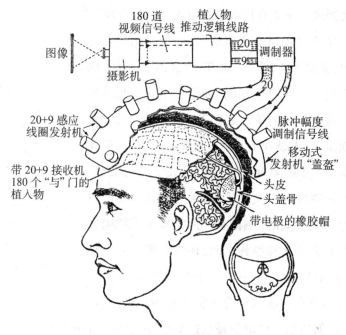

图225　180个微电极的刺激系统

生物—电子系统

　　在亿万年的漫长进化过程中,生物器官、系统的结构和功能不断得到发展。而生物的许多结构、信息、能量方面的特性,至今人们尚未认识清楚,因此难以进行模拟。已经模拟出来的一些技术装置,与其生物原型比较也很不完善。所以,在技术系统中直接应用动物或它的某一器官,引起了人们的重视。

　　那么,在电子线路中,直接应用于动物可能吗?

　　人们发现,把细小的电极插入动物脑子,用电流进行刺激会得到令人吃惊的结果:温顺的猴子变得凶恶起来,猫会一反常态地逃避老鼠。这种技术叫作"脑的电子刺激法"。以前训练动物的方法是相当原始的——当动物取正确的动作时即以食物奖励之，否则则予以惩罚。现在用电来刺激动物脑中的"痛感"中枢和"快感"中枢，可以训练动物完成相当复杂的动作。

例如，人们研究海豚时便应用了电子刺激法。把海豚置入水槽，借助专门的支架将其固定，限制它的运动。将一根微细钢管插入颅骨，并通过它把电极插入脑子。然后，着手绘制海豚的"脑图"（图226）。工作进行得很缓慢，电极要一毫米一毫米地向脑的深层推进。每次推进中，都通以微弱的电流，并对海豚进行不间断地观察，记录对刺激的任何反应——从视线方向的变化到鳍的运动，结果长时间未发现任何反应。只是在60次停顿之后，电极约深入脑6厘米，才达到皮层的敏感区域。这时，动物开始运动，企图穿过支架，并发出叫唤声。电极再推进1毫米，海豚便发出一连串的声音：吱吱声、吼声或其他声响连叫不迭。如果电极进到刺激时即引起快感的那个脑区，就能使海豚学会独立按动与快感刺激连接的开关。刚一建立用嘴撞击即能接通的开关，海豚马上就去撞击开关，以便接通它引起快感刺激。

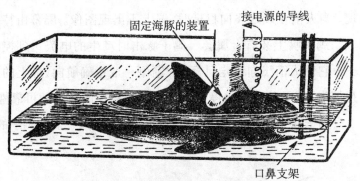

图226　绘制海豚脑图的实验装置

图227显示的是老鼠的自我兴奋实验。在按下杠杆时，兴奋信号直接进入快感中枢。老鼠感到按动杠杆比吃美餐还舒服，因此连连按动不已，一昼夜平均次数可达2000次/小时。由此可见，我们利用这种有效的奖惩方法，便可训练动物做出我们需要的任何动作。

用上述方法可使猫学会辨认目标（按形状或按运动特性）。在一个实验中,曾用这种猫来控制空—空导弹,以引导它准确命中目标。导弹外壳上的电子和电子光学装置,直接把信号发送给猫脑,或在猫眼前安上电视屏,其上的目标图像用电视机接收。当导弹轨道偏离目标时,猫则产生一定的条件反射,把这个偏差纠正过来。实验证明,猫眼是比红外装置更好的敏感元件,制导错误在很大的

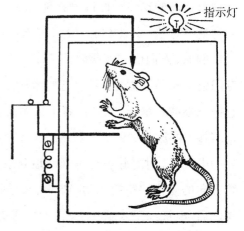

图 227 老鼠的自我兴奋实验

程度上被消除了,因为后者可能在高温闪光的影响下使导弹偏离真正的目标。

在另一种控制系统中应用了鸽子的条件反射,它们学会了啄击屏上的确定目标——潜水艇或陆上军事目标的光学图像(图 228)。目标的光学图像是借助透镜和镜子系统投射到屏幕上的,并且只有当火箭偏离目标轨道时才出现。当火箭正确地飞向目标时,屏上不出现图像。屏幕由特殊的电导层制成。鸽子嘴上装有金属套。鸽子啄击时产生的电流送到控制火箭的装置——它使火箭飞向既定目标。火箭刚一取正确航向,屏上的目标图像便自行消失,鸽子的啄击也停止了。为了提高控制系统的可靠性,人们应用了 3 只鸽子和 3 个屏幕,使控制系统按 3 只鸽子中"多数鸽子的意见"行事。

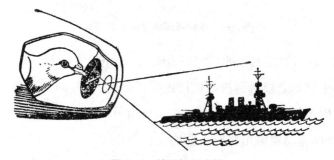

图 228 鸽子控制火箭

上述实验说明，未来的导弹和计算机可以应用动物的脑。现阶段的这种神经—电子系统，就是前面谈到的生物电控制系统。将来可能发展起来辅助的军事动物部门，应用神经—电子系统进行侦察、破坏和攻击行动。第一批航空和航天神经—电子系统，将用来装备自寻的导弹，使对目标的分辨率提高，并能对目标的机动运动发生反应。还可以用来检查人造卫星，或使无人驾驶飞机像有人驾驶飞机那样灵活机动。

人的生活离不开空气和水，鱼虾等水产品又是人的食品，因此空气和水的污染监测很重要。为了测量水中锌离子浓度，人们设计了一种仪器，它的"探头"竟是活鱼！水中含锌离子达到每升 7.6 毫克时，用光电自动计数器测量，就会发现其中的金鱼活动增强了。也可以把电极插在某些鱼身上，在锌离子含量达到一定浓度时，自动记录器可显示鱼的呼吸率上升，心搏率下降。有些植物则可充当空气污染指示器。例如，松树幼芽对氟、二氧化硫和臭氧有反应，番茄和苜蓿对二氧化硫反应迅速。千万分之四的臭氧致使葱尖变黄或枯死，而强闪电形成的臭氧浓度比这多 2 倍。

植物也是自动控制系统。例如，在干旱荒原和半沙漠地区，许多植物的根长得很深，可以一直达到 10 多米深的蓄水层。根一"找"到水，就"告诉"地上器官减少对它的物质供应，根也不再往深处长了（图 229）。如果人们揭示了这种生物控制过程的秘密，就可以"命令"农作物自己去"找"水。应用控制论的方法，还可能给植物创造出最佳生活条件（图230）：小型传感器(7)记录营养物质和水进入植物及光合作用等过程的强度，根据植物的需要启动相应的继

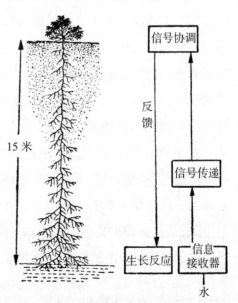

图 229　植物根生长的自动控制

动器(3,4,5),照光,输水(1)或送营养物质(2,6)。这样,就能保证植物的苗壮成长。

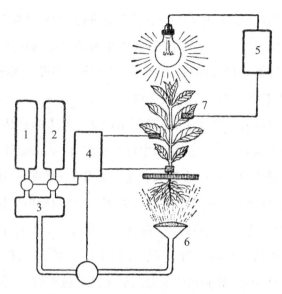

图230　植物最佳生活条件的人工控制

　　在谈到仿生学的未来的时候,我们还要提一下宇宙仿生学问题。大家知道,仿生学的产生和发展,是与宇宙研究分不开的。可以说,实际上,任何宇宙研究问题的解决,都或多或少地与仿生学有所关联,因为生物学性质的问题,贯穿在与宇宙研究接触的各个工作中。另一方面,随着人类对其他行星的征服,仿生学又将产生一个独立的分支——宇宙仿生学。根据近代科学的研究,宇宙空间有无数个行星上可能有生命及其高级形式。新近产生的"地外生物学"就是研究生命在宇宙空间发生、发展、毁灭和分布规律的边缘科学。可以预料,宇宙仿生学不仅将使我们认识宇宙中新形式的生命,而且使我们得以比较地球上的生物界和其他行星上的生物界,从而为技术提供崭新的结构和功能原理,创造出地球上前所未有的技术装置来。